现代创意包装设计技巧分析与实践研究

常 利 著

天津出版传媒集团
天津人民美术出版社

图书在版编目（C I P）数据

现代创意包装设计技巧分析与实践研究 / 常利著
. -- 天津 : 天津人民美术出版社, 2024.4
ISBN 978-7-5729-1517-8

Ⅰ. ①现… Ⅱ. ①常… Ⅲ. ①包装设计－研究 Ⅳ.
①TB482

中国国家版本馆CIP数据核字(2024)第065860号

现代创意包装设计技巧分析与实践研究
XIANDAI CHUANGYI BAOZHUANG SHEJI JIQIAO FENXI YU SHIJIAN YANJIU

出 版 人：杨惠东
责任编辑：刁子勇
助理编辑：张明娜
技术编辑：何国起　姚德旺
出版发行：天津人民美术出版社
社　　址：天津市和平区马场道150号
邮　　编：300050
电　　话：(022)58352900
网　　址：http://www.tjrm.cn
经　　销：全国新华书店
印　　刷：三河市嵩川印刷有限公司
开　　本：700毫米×1000毫米　1/16
版　　次：2024年4月第1版　第1次印刷
印　　张：12.75
印　　数：1—500
定　　价：69.80元

前言

严格来说，包装设计是人类文化活动的重要组成部分，是体现了人类心智的积极的创造性行为。应该说，商品包装是人类物质文明和精神文明共同发展的产物，随着人们生活水平的提高，日益体现出它的重要价值。特别是我国加入WTO，参与国际竞争以来，包装设计更凸显出它对提升产品和企业形象、促进对外贸易和维护国家利益的重要性。

包装设计是一门集科学、艺术和人文为一体的综合性、交叉性学科，作为日趋完善的商业性艺术设计，包装设计的内涵已经发生了很大的变化，现代的包装设计更代表一种引导消费的手段、一种文化价值的取向、一种生活方式，设计重心从物质功能设计向审美的精神功能转移。包装设计是根据被包装商品的特征、所处环境及客户要求等，选择一定的材料、采用一定的技术方法，科学地设计出内外结构合理的包装容器或制品。造型设计是包装设计中不可缺少的前提与重要组成部分。富于创意的包装造型设计有利于强化包装的实用与方便功能，从而达到美化商品、吸引消费者以及促进销售的目的。包装造型设计是包装整体设计的载体，优美的造型设计为包装的视觉传达奠定了良好的基础，是优秀包装设计的关键所在。

本书立足于创意包装设计技巧和包装设计实践两个方面，内容力求理论与实践相结合，涉及面广、体系完善、专业性强、内容丰富、结构严谨、条理清楚、图文并茂，书中每一个章节都突出章节的知识点和技能点，方便读者学习和使用，对包装设计从业者具有一定的指导意义。

目录

第一章
现代包装设计概述

第一节　早期的商业扩张形成的包装设计

包装是完成产品从生产企业到消费者流通的桥梁，是保护产品的使用价值顺利实现而具有的特定功能系统，包装又是构成商品不可或缺的重要组成部分，是实现商品使用价值的手段，与人们的生活息息相关。

根据《辞海》的解释，以及传统上所接受的词义，“包”字的意思有包藏、包裹、收纳等，“装”字则有装束、装扮、装载、装饰与样子、形貌等几种解释。随着现代审美和生活品质的提升，对产品包装的要求不仅停留在装饰美、工艺美的角度上，还给设计师带来了更多挑战。包装艺术需要注入新鲜设计血液来满足人们急剧变化的审美观念，包装设计应打破艺术性的单一局限，从更广的角度和范畴来摄取营养，拓展包装设计的广度和深度。自然界丰富的造型美、色彩美与图案美等设计资源将会成为拓展和更新包装艺术形式的新设计语言。

根据历史学的时代划分方法，一般将19世纪40年代以前的包装统称为传统包装，19世纪40年代以后的包装称为现代包装。由于包装与社会经济生活，尤其与生产方式密切相关，在传统的范畴，又可以根据生产方式将其区分为原始时代包装和工业时代包装两个阶段。从历史演变过程角度说，历史学家通常用原始包装、古代包装、近代包装和现代包装四个阶段对包装的发展过程进行标注。

一、原始包装造型的发展与演变

包装起源于一万年前的原始社会后期，当时主要使用的包装材料及容器有植物茎叶、葛藤、荆条、竹皮、树皮、兽皮、贝壳、篮、筐、篓、竹筒和皮囊等。从现在对包装含义的概念来看，这些未经技术加工的动植物组织，直接用作盛物的容器，还称不上真正意义上的包装，但它们是包装的萌芽。原始萌芽阶段的包装对于包装功能的需求只停留在最基本的“包”和“装”两部分功能上，包装只被用来满足人类基本生活需要中“盛装”和“转运”的功能，只是一种对自然物的简单利用，实际上并不具备今天人们所认为的设计的内涵。伴随着生产和交易活动的展开，出现了具有盛装功能的器具和兼具包装特性的器物，如青铜器、陶器、漆器、角器、木器、皮革器皿、竹器等。其中这些物品基本上具有两重性，既是容器（生活用具之列），又是包装品。

二、古代包装

古代时期人类文明的发展取得了巨大的进步，人们开始利用自己多余的食物和工具同他人交换来获取自己所需的物品，逐渐促进了商业的发展。随着时间的推移，人们开始思考使用简单的包装以保证自己的商品在经过长途运输和多方交易后还不会损坏，这时就出现了陶器、青铜器等器具包装和油纸包装，初步形成了包装的理念。

三、中国早期商业包装设计发展的历史背景

资本主义对近代中国的殖民扩张，在政治、经济、文化三种方式中，经济的危害丝毫不低于政治。孙中山在三民主义的民生主义里写道：“列强用洋货、银行纸币、航业运费、租地赋税、特权营业、投机事业等六项计划来侵略我们，每年要被抢去十二万万元。”每年被列强掠夺的金钱数目，商品贸易就占去了一半，我国的工商业形同虚设。当时的外国进口商品，不是在个别地区行销，而是以全国性的市场为范围展开。民族工业商品行销的市场十分狭小，只能在外国商品所不能填满的缝隙中寻找市场，这在很大程度上决定了当时中国民族资本行业的投资和发展方向。

为了挽救经济上的危机，减少资本主义国家的经济侵略，挽回国民经济的损失，民国政府也致力于实业救国的革命中，“使人人明国货，知国货，识国货，而后人人能买国货，能用国货”。政府和民间都开始效仿西方资本主义，设立近代的企业和公司，中国的资本主义获得了一定的发展。开埠带来的资金、市场、技术和劳动力给上海等大城市近代工业和中国早期商业包装的诞生准备了条件。据上海市社会局 1933 年编撰的《上海之机械工业》统计，以民族资本在上海设厂数，由民国元年的 81 家增加至民国 20 年的 1882 家，内容涉及纺织工业、化学工业、交通

用具业、机械工业、家具制造业、食品烟草业、造纸印刷业、饰物仪器业等。随着工厂数量的扩大和科学技术的进步,新的生产领域也不断出现,上海民族工业 1915～1925 年新开辟的行业就有丝织、油漆、调味、油墨、水泥、牙刷、搪瓷、制罐、化妆品等。此外,新一代的企业家对市场意识、产品质量意识及商品宣传意识也逐渐发展、成熟起来。

四、美术在商品竞争中的发展

在欧美工商业界有两句谚语,分别是:“广告美术是事业的资本”“美术是商品的生命”和所以自资本主义工业化大生产之初,厂家即已注重商品包装的功能性问题。19 世纪末 20 世纪初,当厂家把越来越多的产品推向市场,为了能在消费者头脑中留下对产品的深刻印象,产品包装及品牌形象的典型化成为厂商关注的要点。

商品包装不只是经济的载体,更是意识形态的载体。新中国成立前期一些工商业界和美术界的人士也看到了这一点,“其实洋货的形色虽精巧夺目,其本质未必胜于我国的手工业产品,不过洋货厂商,能把握购买人的爱美观念,利用美术家清新的思想,将商品的形态,构成可人的图案,复施以雅丽的装潢。我们可在一切舶来品上见到,他那不惜工本的印刷和那惊人的广告费,实远为我国工商产品所不及。由于这种目前的事实,便可以知道商品美化的必要性,商品要达到美化的程度,就不能不赖于商业美术的发展了。”对于商品行业的发展不仅体现在经营内容上,更体现在经营手法上。中国近代工艺美术家萧剑青提出了:工业的改造和商业的谋扩展,绝不是口头计划可实现的;对于工艺产品的本质问题和商品贸易计划,必须有严密的方法——如怎样改进本质与推销,怎样求实用与美化?”

中外商品在竞争中的失利让国货厂商意识到美术与商业关系的重要性,并将包装设计视为提高经济效益和企业形象的根本战略和有效途径。为了扭转颓势,厂家纷纷将舶来品作为标准,并不惜花血木从产品的本质到外观的装饰进行效仿。我国第一家民族化妆品生产企业“香港广生行有限公司”出品的“双妹牌”化妆品,就积极学习西方的一整套包装与推销技术,采用了大批鲜艳夺目的美术图案印成不同的包装式样,如瓶贴、包装纸、纸盒等,并出品大量美女画片作为广告宣传分发全国各地,有效地挽回了舶来化妆品垄断市场的局面。另外,在商品包装设计的专业团队上,由于市场和人才条件的成熟,社会上出现了如“稚英画室”“尚美图案馆”等一批独立的设计事务所,承接月份牌、商品包装、商标等设计业务。“英美烟草公司”“五洲大药房”“冠生园食品公司”等民族企业家们在引进西方先进技术与设备的同时，还自设广告部，聘请美术师设计商品的造型、商标、商品包装以及产品广告，对宣传民族工业品、推动民族工商业的发展发挥了重要作用。

五、中国早期商业包装设计的风格

有鉴于洋货在近代中外商品竞争中的优势，民族工商业人士开始着眼研究包装对于产品保护、流通搬运和促进销售的作用。在民国市场经济百家争鸣的阶段，各种商品包装让人应接不暇。以下所要论述的中国早期商业包装设计的风格，是以零售为主的商业交易中作为单一产品或分批做的包装，其主要功能着重在促进销售、便于零售。商品的包装作为直接与消费者接触的广告形式，是吸引顾客的最经济、最有效的方法之一。

（一）早期商业包装设计的材料与造型

每一种产品无论是固体、液体还是粉末状，一般通过容器包装的形式呈现在消费者面前。需要包装的产品项目包括食品、调味品、卫生用品、饮品、香烟、茶叶、药品、油漆、布料、生活用品、化学用品等。包装造型上都是当时西方较为流行的款式，如长方体、立方体、圆柱体、扁圆形、心形等，具有中国传统特色的包装造型也经常和新的材料相结合。厂家会根据产品的状态选择以不同的造型与材料来进行包装。任何形式商品包装的推广都依赖于印刷，设计师以实用和美观为出发点，在绘制美术手稿阶段，会考虑根据不同的包装形式取以不同的印刷技术，同时在纸张材料的基础上学习尝试其他新材料。

第一，纸制是民国时期常见的包装材料，应用范围极广，除能独立成形外，与其他材料也能相互配合。它的表现形式包括：包皮纸、纸袋、包装纸、瓶贴、纸盒、罐饰等。包皮纸和纸袋是一种较实用的包装，兼包裹物品和广告宣传于一体。因为是一种附带形式的宣传，所以在印刷方面以单色或双色多为常见。包装纸与包皮纸的不同在于前者是一种商品的装饰外衣，多见于香皂、药丸、糖果等产品，四色印刷居多。瓶贴的重要性不亚于包装纸，它按瓶子造型的不同呈现多种式样，多为长方形、圆形、三角形、椭圆形等。一般以四色或加金银印制，高档的如化妆品类甚至用银色纸印凹凸版的方式，图案装饰简洁，大方文雅。纸盒的包装常用四色印刷，并根据盒子的六个面设计不同的图案加以区别。罐饰类型的包装有将内容直接印在五金片上的，也有印在纸上而后贴于金属罐表面的。金属版印刷和石印两种印艺都有普遍应用。

第二，木材是中国古代包装中常见的材料，可是在近代的商品包装中似乎使用较少。此类包装常用软木加工，表面用染料着色，或加漆，再用彩绘装饰和书写商号，经久耐用。

第三，金属罐包装是现在所见最多的民国包装，当时常用铁、铝、锡等制造，有造型多样、印刷精美、不易损坏、储藏物品历时久色味不变优点。多用于香烟、茶叶、调味品、糖果、饼干、化妆品、油漆、药品等。马口铁罐和金属软管是民国金属包装中的代表。马口铁罐自 1811 年英国人成功制出四磅装的食品罐头后，经制罐和罐头杀菌技术的发展，成为生产到消费一贯的流通容器，并于 20 世纪前后随着西方列强的产品来到中国。一个马口铁罐的制造需经过将印刷好的马口铁皮按大小裁切、切角、卷曲、折边、齿合、压扁、溶剂涂布、焊接、过剩焊材清除、空气冷却、弯曲边缘、送盖、二重卷紧、检查十四个步骤。中国第一家铁罐制造厂“康原制罐厂”是由爱国实业家项康原先生于 1922 年在上海有恒路武陵里创办的。金属软管最早在欧美用来装颜料，但由于它保护性好，完全密封，受温、湿影响极小，并且有金属的美丽光泽，所以很快就被广泛地应用到化妆品、药品、牙膏、食品、以及家庭和工业用品中。锡和铝成为制造软管的常用金属。锡金属还可以加工成五百分之一的薄片，制成的锡箔被用来衬在茶叶木包装内隔绝潮气，也用来包装糖果、烟草及其他必须保持干燥的物品，但它后来被更轻更卫生的铝箔所代替。

第四，玻璃因其不起化学反应、防止香味的挥发和给人以干净、纯洁的印象，所以多用来包装酒类、药品、化妆品和其他卫生用品。作为一个完整的玻璃包装，不只是简单的玻璃容器，还需要有盖子加以封口，以及把纸、铝箔或薄膜之类的标签进行灌名。

第五，瓷器也同时存在于包装材料内，在清末前的中国可谓屡见不鲜。景德镇在民国时期仍有大批量生产用于梳妆用品包装的瓷器厂家，并每年等待前来定货的外省商人。可是时代变迁，市场都被同产品的洋货包装所充斥，瓷器包装形式的特殊性使它逐渐被包装市场淘汰。

第六，几乎所有类型的包装中，封口都起着重要的作用，有的便于运输、防止内产品外露，有的能防污、防尘，有的能隔绝空气的进入。软木塞是较早的封口形式，广泛用于酒瓶包装中。其他还包括来回折叠不封口的折叠式、使用柔软玻璃纸包糖果的扭结式、用蜡受热黏合的热封式等。各种材料的容器也依据形制的不同配以压盖、螺旋盖、塞子、皇冠盖、切割划盖、胶带、封条等密封形式。

(二)早期商业包装设计的视觉传达要素及与其他广告形式的关系

如果说包装造型是出于对产品运输与保护的目的,那么装饰图案则是对造型轮廓的有力补充。随着世界交通的发达、商业贸易交流的频繁,以及各种博览会的出现,商业美术设计人员在借鉴西方商品包装风格的同时,还注重国人的传统情节,设计出大量民族性与时代性相结合的样式。包装上的装饰图案按照产品内容的不同而设计,一般有以下几个类型:美女形象,包括古典美女和时代美女,这种类型的图案是民国商业美术中最多出现的;传统图案,如山水、花鸟鱼虫、民俗人物、神化故事、福禄寿喜文字等;爱国形象,如岳飞忠义、木兰从军等,也包括“爱国”“国货”等以文字为主的图形设计;科技形象,如飞机、轮船、火车等。有的企业为了显示其雄厚的实力及良好的信誉,常添加各种博览会获奖图案、店面形象,甚至是老板的头像。当然,这些图案只是起到烘托气氛、制造美感、吸引顾客的作用,商品的店号、商品名、商标、广告语、说明书、厂址、联系电话等才是包装所要告知消费者的真正信息。设计师根据包装造型的不同和信息内容的主次有所选择,或大或小,或醒目或隐蔽,也会按版面的需要进行信息的筛选。为了方便商品贸易和体现产品的时髦感,中英文品牌名和产品说明在同一包装上的出现也是民国包装的常见现象。

商品包装作为最后进入消费者手中的广告形式,在购买行为产生之前需要其他广告形式来配合推销,厂家一般按照自己的宣传力度进行广告投放。民国中常见的就有橱窗广告、月份牌广告、路牌广告、报纸广告、杂志广告、邮递广告、传单等。其中,橱窗广告是企业展示自己产品最真实、最丰富、最直接、最有说服力的视觉推销艺术,是品牌文化和产品性能最有力的代言人。橱窗能将产品陈列化零为整,设计师采用高低、主次、偏侧等摆放方法的同时,配合背景、道具和灯光,大大地增强了商品的表现力,赋予了静止商品以活力。月份牌广告是一种宣传商品的利器。因它画面新颖、印刷精美、题材广泛,实用和观赏价值具备,所以颇受人们的欢迎,渐渐地风靡于大江南北,流行于全国各地,成为拥有广泛群众基础的广告形式。虽然作为真正主角的商品只出现在了海报的边缘,但由于画面清楚细腻,加上人们对画中时尚生活的向往,在耳濡目染中也就牢记于心中,月份牌广告的宣传目的也就达到了。

(三)早期商业包装设计师的专业水平

设计师以自己取之不尽、用之不竭的创作灵感,设计出一批批新颖动人的图案,而商人凭借在商业竞争中身经百战锻炼出来的眼光,从众多手稿中挑选若干,交给机械工作人员生产出批量产品包装，商品竞争的需要使商家同设计师之间建立了良好的合作关系，设计的专业化随之产生。商业美术设计师所要具备的专业知识已不仅局限于绘画技巧本身，还要掌握关于印刷制版的广告成本问题，以及商品推销的市场心理学等相关知识。

当时的设计师已清楚地意识到商业美术远不同于作为欣赏、装饰、收藏用的艺术品，实用才是商业美术的真正价值。同时，作为设计师的商业美术创作，“则绝对不能以私人的所好、私人的偏性作为创制条件，因为商业美术存在的目标是要使商品或商业本身投合于大众化，能握有大众的心理与目光，故商业美术的创作条件就不能以狭义的个人偏僻理想作决定，务须在广义方面着想，作品须适合于任何人的心理与所好。”在这一必要认识的前提下，设计师对于商业美术中的构图方式、视觉内容选择以及色彩运用的研究变得有的放矢，在实践经验不断地积累中，逐渐归纳出了关于商业美术的 12 个美的标准原则：①必须适应潮流；②必须适合推销人民的心理风俗；③必须具有大众化的普遍性；④必须能与商品本身的形态配合；⑤必须注意与用途上的种种关系；⑥不宜过于离奇，宜适合于各等人心目；⑦要雅致清丽；⑧必须与商品命名配合；⑨要有特大的吸引力；⑩必须一目了然，易记忆、易认识；⑪必须有天时与地利的优点；⑫要活泼庄严。由此可见，我国 20 世纪二三十年代的商业美术设计技术已经达到较高的水平，正朝着国际化的方向发展；设计师掌握了较完善的包装设计技巧，并在设计理论上有了较系统的认识。这是民国时期出现商品贸易繁荣现象的必要准备。

当然，受商业包装发展阶段、技术的限制，包装设计的画面内容和色调比较类似，使商品包装在属性定位上显得不是那么明确，有时如果不看商品包装上的商标和品牌名称，单从图案上是很难分辨的。故向国外的商品包装学习和借鉴、在国内外各种博览会中比较和改进、经常深入群众组织市场调查是设计师绘制新样式的必要过程。

第二节　包装概念及设计原则

何为包装？简单地说就是给产品“穿衣服”。俗话说，“佛靠金装，人靠衣装”，商品也得靠包装。

“包”即包裹、包扎；“装”即安置、安放。“包装”为名词是指包装商品的物体，为动词则是指对产品的保护措施。狭义的包装仅指包装商品的容器，广义的包装既包含容器，又包含保护措施，各国对包装的定义见表1—1。

表1—1　各国对包装的定义

国家	定义
美国	包装是实现产品运送、流通交易存储与贩卖最佳成本的整体系统的准备工作
英国	包装是从艺术和技术科学上为货物的运输和销售所做的准备工作
加拿大	包装是将产品由供应者送到顾客和消费者并能保持产品于完好状态的工具
日本	包装是追求材料感容器，将一定技术作用于物品，使物品保持某种便于运输存储并维护其商品价值的状态

我国国家标准GB/T 4122.1—1996对包装的解释是：在商品流通过程中，为了保护产品、方便储运、促进销售，按一定技术方法而采用的容器、材料、辅助物，以及在此过程中施加一定技术方法等操作活动的总体名称。

其中包含两层含义：①名词层面，盛装商品的容器、材料及辅助物，即包装物；②动词层面，实施盛装和封缄、包扎等的技术活动。

一、新形势下包装的内涵

自1996年国家经过了下定义到现在已经对包装20多年，包装的内涵已经发生了变化。我国20世纪90年代连网络都没有，基本处于“产品为王”的年代，所以那时国家对包装的定义仅凸显“保护产品、方便储运、促进销售”3个基本作用。但这20多年的变化非常大，相当于以前上百年的变化，首先是1997年我国有了第一封电子邮件，标志着进入了网络时代。几年前手机端上网用户超过了PC端，加上云计算、大数据、物联网、智能化等技术的兴起及经济的高速发展，包装的内涵与外延已大有不同。

劳特朋的“4C”营销理论已经代替麦卡锡的“4P”营销理论占据电子商务开始发展要地位，即以产品（product）为中心转变为以用户（customer）为中心。随着技术的日益进步，产品同质化现象也日益严重，并且人们生活富裕后已不再满足于物质层面的需求，在保证产品质量的基础上更需要满足人们心理层面的需求。为什么更多人愿意喝200多元新包装的青花瓷红星二锅头而非5元一瓶的老包装？其中的一大原因正是前者更多的是代表“文化”而不是酒。对于心理需求，产品能提供一些支撑，但更多的是依靠附加值来提供，以包装为载体来体现。除了包装产品外，包装设计还涉及包装品牌或重塑品牌，在成功案例的影响下，过去的一段时间里，刮起过一阵“青花瓷”风，酒包装出现了蓝花瓷、红花瓷等包装，各种设计都加入了青花瓷元素，甚至还影响了流行歌曲；网络语言也出现在零食、饮料等包装上。

所以，包装可以与广告一起传达商品文化，满足人们吃饱穿暖后的精神需求。同时，包装也是品牌形象延伸模式的重要载体，既能提升企业形象，又能增加商品附加值。

另外，网络时代更注重互动性，体现在设计上就是要注重“用户体验”，除了原有的便于携带、便于悬挂展示、便于使用外，还有以下几点需要注意。

第一，站在用户的立场设计，体现更加细致入微的关怀。以前吃罐头要用刀撬，费时费力还不卫生，现在的罐头包装设计了拉环，很容易就打开了。干果卖了那么多年，包装设计主要在防雨防潮、促销方面，完全符合国家 1996 年对包装的定义，但干果电商“三只松鼠”则在此基础上更注重用户体验：收到包裹一般都开箱困难？不怕，有“开箱神器”；干果吃不完会受潮？不怕，有防潮夹；有些坚果很难剥开？不怕，有剥壳器；果壳无处丢？不怕，有垃圾袋；吃完后会脏手？不怕，有湿纸巾；此外，还有试吃装、回执卡及其他辅助品。同时还会附上一封感谢信，称买家为“主人”，对用户的关怀细致入微，并且包装设计风格也很“萌”，让人觉得很亲切，体现了以用户为中心且把“用户体验”做到极致的主旨。电商时代，物流包装需求量大，但商家打包耗时、买家开箱麻烦，“一撕得”拉链纸箱号称“三秒钟快感”。无论是商家还是用户都不需要胶带纸或开箱工具，只需 3 秒钟即可完成封箱或开箱，大大节约了时间，提升了用户体验，改变了快递纸箱不环保、体验差、效率低的现状，适应了时代的发展。

第二，开启仪式感，一般用于高端产品或礼品包装。人们在重要的场合总要有一定的仪式感。现代虽然很多仪式没有或淡化了，但有些场合还是需要有一些仪式的，如升旗、婚庆等。此外，对于定位高端的产品也可以在包装上加入有仪式感的元素。或许有人会问：“仪式感到底有什么用？”举个例子，平时吃饭很随便，甚至一碗泡面就可以解决，但年夜饭却要经过很久的准备，并且要在全家人大扫除、祭祖后一起吃，虽然在填饱肚子上没什么不同，后者甚至更烦琐，但境界、意义却完全不一样。要提升商品的附加值，可以在设计包装开启时加入一些仪式感，使人的心理上产生一种特别的意义。例如，蜂蜜包装一般都是蜂巢、蜜蜂、花等元素，但“掌生穀粒”的设计师重新诠释了食品包装外观上的细腻感，包装形式和结构传达的是“打开包装仿佛是在进行一场庆祝仪式”。又如，某果酒以吃水果之前需削皮为创意切入点设计包装，打开之前模拟削果皮的动作，最后才露出常见的瓶贴。有了剥皮的仪式，使得果酒在心理上的味道大大不同。当然，最经典的还是苹果手机的包装，苹果手机不仅是智能手机的标杆，在手机包装上也引得同行竞相跟风，在拆包装仪式感方面也可圈可点：同样是天地盖，但一改过去开缺口的做法，变成提着盒盖以适当的阻力慢慢下落，让人产生一种期待，强化"这手机从此属于我"的特殊时刻。

第三，有把玩或游戏互动的体验。例如，很多香烟品牌设计了数十种烟盒，有拨开式、拉开式、滑盖式等，让用户在使用产品之余还能与包装产生互动，从而拉近与消费者的距离，强化品牌的辨识度。又如手提袋设计加入了跳绳的元素就特别有游戏感，无论是放下还是提起，跳绳无处不在。

设计以人为本是大势所趋，所以现在包装的定义可以这样描述：包装是在商品流通过程中，为了保护产品、方便储运、促进销售、塑造品牌，按一定技术方法而采用的容器、材料、辅助物，以及在此过程中施加一定技术方法等操作活动的总体名称。

二、包装设计的目的及原则

在当今商业社会，一个包装需要投入很多资金，但这些都属于投资，要的是数十倍甚至上百倍的回报。因此，包装设计的目的不仅是保护商品，更是为了传播商业品牌价值，提升用户体验。

国家对商品包装的要求是"科学、经济、牢固、美观、适销"，要适应商品特性，适应运输条件，达到标准化、通用化、系列化。

第一，科学是指包装设计必须首先考虑包装的功能，达到保护产品、提供方便的目的，即前面所说的"对的包装"。

第二，经济则要求包装设计必须做到以最少的财力、物力、人力和时间来获得最大的经济效果。这就要求包装设计有利于机械化的大批量生产；有利于自动化的操作和管理；有利于降低材料消耗和节约能源；有利于提高工作效率；有利于提高产品竞争力。在商品生产、仓储、物流、销售等各个流通环节达到最优化。

第三，牢固要求包装设计能够保护产品，使产品在各种流通环节上不被损坏、污染或遗失。这就要求对被包装物进行科学的分析，采用合理的包装方法和材料，并进行可靠的结构设计，甚至要进行一些特殊的处理。

第四，美观即前面所说的"美的包装"。包装设计必须在"科学"的基础上，创造出生动、完美、健康、和谐的造型设计与装潢设计，从而激发人们的购买欲望，美化人们的生活，培养人们健康、高尚的审美情趣。

第五，适销即达到扩大销售和产生，创造更多经济价值的目的，这无疑是企业最直接的目的。

设计是“戴着枷锁跳舞”，包装设计也不例外，以上 5 个要求是密切相关的，不能忽视其中的任何一个。在满足包装设计的科学、牢固要求时，不能忘记包装设计的经济效益和社会效益。在提高包装设计的经济效益时又不能单纯地追求利润，还要考虑到包装对人们的生活带来的影响，如对环境和对人们心理造成的影响等。在考虑包装设计的美观时，除了使包装造型和装潢服从包装功能的需要外，还要照顾到人们现有的欣赏水平、习俗、爱好及禁忌色彩。只有五者有机结合，才能设计出既科学又美观、既经济又适销的包装。

三、包装的类别

现代产品种类繁多，包装形式也多种多样，不同的部门或行业对包装分类的目的和要求都不一样。根据分类标准的不同，常见的商品包装分类方法有以下几种。

第一，按在流通中的作用可分为运输包装与销售包装。运输包装也称物流包装，是用于运输、仓储的包装形式，主要起保护作用，一般体积较大，如集装箱、纸箱、木箱等，当然在电商时代的快递包装也属此类，销售包装是指以一个或若干个商品为销售单元摆在货架上的包装，主要起直接保护商品、宣传和促销的作用。

第二，按包装材料可分为纸制包装、木质包装、塑料包装、金属包装、玻璃包装、陶瓷包装、纤维包装、复合材料包装等。

纸制包装是指以纸及纸板为原料制成的包装，由于其具有成型容易、环保可回收等优点，在包装中占有重要地位。

木制包装是自然材料，富有生命之感，一般用于洋酒包装，因天然木材生长缓慢、资源有限，因此需要有计划地使用。

塑料包装的经济优势和环保劣势冲突明显，甚至“禁塑令”都无法执行，最后只得废除，这难题不是设计师能解决的，只能由科学家、消费者、生产商、设计师共同提高环保意识，限量使用。

金属包装主要是指由白铁皮、黑铁皮、马口铁、铝合金等制成的各种包装，如金属盒、金属罐、金属瓶等。

玻璃包装的主要化学成分是硅酸盐，由于其化学稳定性好，比较适合液体包装。一般陶瓷是陶器和瓷器的总称，由黏土烧制而成，属于自然环保材料，适合传达具有生命感、历史感的产品。

纤维包装是指用棉麻丝毛等纺织而成的包装，主要以袋子的形式出现。一般复合材料包装是指其两种以上的材料通过涂料、裱贴黏合而成的包装。

第三，按商品流通的功能可分为大包装、中包装、个包装。大包装即运输包装或外包装，设计时注明产品名称、规格、数量、出厂日期等，再加上必要符号和文字（如小心轻放、请勿倒置、堆码层数、防潮、有毒、防火等）即可，如一件香烟的包装；中包装又称批发包装，这种包装的目的是将产品予以整理，如一条香烟的包装；个包装又称小包装或内包装，方便陈列和携带，如一盒香烟的包装。

第四，按包装容器的形状可分为箱、桶、袋、包、筐、捆、坛、罐、缸、瓶等。

第五，按包装货物的种类可分为食品、医药、轻工产品、针棉织品、家用电器、机电产品和果蔬类包装等。

第六，按销售市场可分为内销商品包装和外销商品包装，需根据销售区域设计符合国情的包装。需要注意的是，包装上是中文的不一定是国产商品，包装上一个中文都没有的也不一定就是进口商品，因为那是根据销售区域设计的包装，看出产地一定要看包装上的条形码。

第七，根据包装风格可分为怀旧包装、传统包装、情趣包装和卡通包装等。

第三节　包装设计的功能

一、传递商品信息

（一）信息的摄入

既然包装视觉传达的本质是信息的传达，那么设计者必须对商品信息有全面、具体的了解，尽可能地收集资料，要对物质和精神的信息进行调查和摄入。一般商品信息摄入包括商品的材质成分如何、有什么特点、功能效用如何、外观形态如何、档次级别如何、使用方式如何、与同类商品相比有何特色、精神软价值开发的可能性如何、该产品行销何地、销售方式如何、商标知名度如何、是老产品包装改良还是全新设计开发、有何整体经营方针、专用识别符号是否需要改进、品牌形象定位如何、包装预想生命周期是多少、委托方有何设计要求、其合理性是否需进一步探讨等。

人的需求既有共性，也有个性，在个性化消费时代，把握消费者的个性显得尤为重要。这就要求对消费心理进行宏观和微观的分析。从宏观上看，有社会阶层、社会群体、社会心理和社会文化现象对消费行为的影响。从微观上看，有消费者年龄、性别、个性和家庭对消费行为的影响。信息的摄入工作是一个细致而又具体的过程，包装信息传达的有效性正来源于此。

（二）信息的处理

视觉传达设计的本质可以说是有意义的信息的传达。设计正是借助含有各种不同信息量的图形、文字、色彩、质感，采用最佳的视觉程序（视觉语言），把有意义的信息快速、准确地传达给消费者。欲让消费者对商品产生满意度，需要传递他们所关心的商品信息。包装视觉设计的准则就是使包装能告诉消费者，该商品能给他们带来什么利益，或展示该产品与同类其他产品所不同的独到之处，从而激发购买欲望。消费者收集商品信息的目的和各自的需要有关。消费者接触许多商品信息，这些信息大大超过了个人的接受和记忆的范围。因此，消费者必然有意无意地对所接触的信息进行筛选，只选取那些符合他们需要的信息。信息的意义性是知觉理解的前提，没有意义的信息不能被知觉和理解。

事物的复杂性决定了有关商品和消费的信息是多层次和多方面的，因此，只有从对消费者的意义性这一角度对摄入的信息进行处理才能确立视觉传达的基础。信息处理是人类认识外部事物规律的重要一步，通过它，信息可以形成系统性和逻辑性，为信息传达提供必不可少的前提和条件。信息处理一般分为两个方面：一是量的概念，例如统计整理、分组归类；二是质的概念，例如纠正、综合、比较。首先，在不同属性的商品信息中归纳出简洁并具有代表性的信息要点；其次，确定各信息要点之间的关系。这种关系既可以是并列关系，也可以是主从关系，由信息要点的意义性和商品自身特性决定，并包含营销策略的主观因素，它决定了主体形象的选择和视觉语言的逻辑关系。大多数情况下，同类商品信息要点具有相似性，这就要求设计者在此基础上以消费者的满意需求为准绳，结合自身优点，发掘商品多方面的软价值，重新确立信息要点之间的主次关系。

二、方便实用

包装的科学性和合理性是设计成功的秘诀，由此看来，漂亮却不实用的包装在市场上不可能有竞争力。

在商店的货架上,不难发现,即使是一根牙签、一块餐巾或一张湿纸巾,许多厂家也都用超高密度低压聚乙烯薄膜包装,而且开口也要方便实用。这样做的目的是提升包装的便利性和品位,满足消费者对商品健康、卫生的普遍要求。

三、突出商品特征

商标在包装上起的是“点睛”的作用,商标形象的建立是产品自身价值的体现。

商标名称能提升包装的宣传功能,是产品可靠性的象征。消费者对商标形象越熟悉,商品销售量就越大。对于系列产品,商标应作为包装设计的基础。

视知觉受外界刺激引起兴奋,在大脑皮层留下程度不同的记忆,即视觉印象。这种记忆成为潜意识,不断地在大脑中积累,像信息库一样构成信息网络,一旦需要就会自然浮现,成为参照、比较、判断的标准与依据。它对视觉认知和信息理解起着重要作用,是人认识客观世界的重要阶段。人需要在视觉印象的基础上,对事物的表象及本质、共性和个性有所了解与把握,从而作出反应。鉴于这一特点,应将视觉印象作为评判包装形象的重要标准。视觉印象分为第一印象和重复印象两种。

(一)第一印象

第一印象也称为第一感觉,往往以视觉经验的形式左右后来的视觉印象。对于每一种新印象,就时间而论,注视的前几秒钟是关键的,因为这段时间视觉感知比较敏锐;就空间而论,整体效果和最先注意到的事物会给人留下深刻的最初印象。因此,第一印象容易在大脑中留下深刻记忆。第一印象把握的是事物的整体特征和显著特征。

包装的第一印象表现为货架效果。成功的包装形象必须具有良好的货架效果,注意独特性和跳动性,力求避免被“淹没”的危险。评价包装形象不能孤立地看它在设计室中的案头效果,而必须检测它在一定销售环境中的货架效果。一般而言,一个主要展销面约为200平方厘米的包装(如酒盒、食品盒等)应让相距3～5米的观众能鲜明地看清它基本的品种类别;而在2～3米的距离上,应让购买者看到它的牌号和主体形象。不同的包装应根据其体、面的大小具体把握适当距离的视觉“张力”。

突出包装形象的第一印象,单从形式上说,无非是从两方面入手:第一,是包装视觉形象自身的鲜明性、视觉效果的典型性;第二,要了解同类商品的包装形象。特定形象的视觉效果不仅同它自身的变化有关，而且离不开所处的特定环境。这种影响某一形象视觉效果的特定环境可以称为这一形象的“视觉场”，这一形象的视觉效果是它自身与它的“视觉场”综合作用的结果。例如，一个橘子放在一堆西红柿中间远不及放在一堆香蕉中更具有视觉“张力”。正确处理包装形象与其“视觉场”——货架环境的关系是加强第一印象的主要手段之一。

但是处理一件包装的货架效果，加强其第一印象以区别其他同类设计并不单是视觉形式问题，而首先应当选择产品自身独特的信息表现点，也就是前文提出的“信息要点及其主次关系的定位”，使其具有独特形式处理得更大主动性。如果外观近似的商品都以自身作为视觉表现的主体形象，就难以有明显区别。例如，同样为碳酸饮料，可口可乐将标志图案作为信息表现点；芬达以鲜橙形象诱发联想；而雪碧却突出晶亮纯净的品质，因各自具有鲜明的视觉印象而独树一帜。信息定位和货架效果虽是表现系统中的不同环节，但两者是相互关联的，强化其中一方面势必会影响到另一方面。

（二）重复印象

视觉印象固然重要，但由此得到的客观世界的信息毕竟有限，它是在很短的注视时间里得到的最笼统的初步印象，缺乏对形态、肌理、色彩关系等的深入、细致、具体、本质的了解。此外，由于视觉受环境和主观心理的影响，有时会产生片面的甚至是错误的第一印象。这样的经验使人在取得对象的第一印象之后养成重复审视的习惯。“重复”可以是从不同角度对同一事物的多次审视，也可以认为是多次新的视觉感知。由于视神经受同一事物的反复刺激，所得印象特别全面和丰富，记忆也比较牢固。重复印象的结果是视觉的最终印象。在大多数情况下，只有取得了对象的最终印象，人才会做出判断和行为反应。

现代包装形象大多表现出简洁明快的格调，体现了现代生活节奏和审美倾向，并且符合商业竞争的需要。对于紧张的生活节奏和拥挤的销售环境来说，简洁的“第一印象”效应有利于减轻视觉接受的“负荷”，但是，顾客的眼睛不会仅仅满足于唯简为上的视觉形式，也要求获得丰富、新颖的视觉享受，而且对于商品的挑剔态度会迫使顾客多次审视对象，以便在做出判断之前获取足够的信息。如果说第一印象强调“简”，而重复印象趋向于“繁”的话，包装形象应该繁简相融。繁简相融不仅是外在形式的数量问题，更是一种变化关系。简而不空洞，繁而不琐碎，这必须通过表现创意来实现。

第四节　包装设计的发展趋势

一、包装设计的新材料、新技术

包装材料是包装的重要组成部分，不同材料的选用能给包装带来不同的视觉效果，材料的表面肌理、色彩、质感能给消费者带来特殊的视觉感受。包装设计的材料借助于各种加工工艺，审美才得以实现。材料的品性、工艺的程序，特别是对材料特性的把握是实现包装设计的关键，也是包装设计师必备的能力。

材料本身是有形象的，不同的材料可以显示不同的格调和品位，尤其是现代包装中新材料的应用越来越多地依靠材料的肌理和性能来显示包装的时代风格，而工艺手段与技术也无奇不有，只要想到的基本上都能做到。各种新型包装材料不断涌现，产品的更新换代，消费需求的不断扩大，新材料、新工艺、新技术的开发，消费者对美的追求，不同地区、环境保护和价格等因素使得现代包装设计更加多元化。设计师在设计过程中，创意、色彩、规格、材质甚至制作方法以及产品外形特征、材料的多样性，也使得产品包装的形态与结构千变万化。新材料的视觉功能和触觉功能是艺术与设计表达中极为重要的组成部分，通常人们以为材质和肌理属于视觉问题，其实它给人触觉上的感受比视觉上的感觉更强烈。所以，材料所具有的质感、肌理需要设计师去用心感悟、去触摸、去解读和进一步开发、挖掘。强调它们在试验和研究过程中的主动性和创造性，勇于实验，善于发现，敢于打破固有的概念和认识的局限，发掘其更深层次的内涵并赋予它全新的定义，这些都为商品包装设计增添了诸多新的语汇。

包装行业是运用新材料最多、最快的行业，一些前沿性的研究成果被转化为新的包装材料。纳米技术带来的纳米塑料、纳米尼龙、纳米陶瓷、纳米涂料以及纳米油墨、纳米润滑剂等，为新型包装提供了新的技术、新的材料。一些多功能、多用途的包装材料也正在进入现代包装材料的行列，如美国研制出一种新型保湿纸，可以将太阳能转化为热能，它的作用就像太阳能集热器，如果用它包装食品，将其放在太阳光照射的地方，包装内的食品就会被加热，只有打开包装热量才会散去。日本一家公司研制的用于食品包装的新型防腐纸，用这种纸包装带卤汁的食品，可以在 38 摄氏度高温下存放 3 周不变质。另外，还有用废弃的豆腐渣制成的可溶于水的豆渣包装纸、用食品工业废弃的苹果渣生产的果渣纸，可用于包装多种食品。这种纸使用后容易分解，既可焚烧做堆肥，亦可回收重新造纸，不易污染环境，为现代包装的回收处理带来了极大的方便。例如：在医疗器械中献血所采用的采血袋的包装，为了保持血液新鲜，血液中的活性细胞需要“呼吸”，所以，包装材料采用了具有透气性的盐化聚乙烯塑料袋，这种材料柔软、易加工，与输血管的接合性很好，不会像玻璃瓶易碎，而且这种材料透明度好，卫生检验也很便利。如果我们仔细看空的血袋，会发现里面有透明的液体，并夹杂着气泡，这是防止血液凝固，它提供了血液保存的必要环境。这种采血袋包装替代了以往的玻璃瓶，成为一种理想的医疗容器包装。

这些新产品对包装设计也提出了新的挑战，如何保护、保存这些产品，如何让它们安全地进入流通领域，又如何能在商业销售中取得成功。新的课题促进了包装结构、新材料、视觉传达等方面的不断更新与进步，从而适应新产品和时代的需要。所以，一种新型材料的出现，会使一种包装形式具有鲜明的时代标记，代表着新时代的文化信息，体现着生活中的新能量。

各种高科技成果不断推动着包装工艺的发展，也给包装带来了新的生机。从20世纪包装的发展来看，像POP式包装、便携式包装、易拉罐、压力喷雾包装、真空包装等包装形态的出现，无一不是消费需求所促动的结果。电子商务的兴起给人们的生活带来了极大的方便，网上交易、网上购物等新的消费形态也渐渐被越来越多的人所接受。随着网络的普及和相关硬件技术的进步，包装设计随之而来也必将面临更大的改变。新的工艺流程，高智能的生产设施，自动化、电脑一体化的应用，为包装设计提供了更为广阔的空间。从包装容器模具成型的制模工艺到现代新型高超的印刷技术、纸版技术都为包装生产的各个环节提供了完美的保证，如平印加丝印、UV贴合上光、亮面立体上光、布纹磨砂上光等，也使得包装显得更精美、细致、耐看。在技术领先的时代，应在制作过程中尽量降低和减少对环境的污染，所以，要求设计师必须掌握和了解这些新的工艺技术。

二、新媒体时代包装设计的表达

新媒体中的“媒体”是指一种表达某种信息内容的形式。新媒体，亦是一个宽泛的概念，利用数字技术、网络技术，通过互联网、宽带局域网、无线通信网、卫星等渠道，以及电脑、手机、数字电视机等终端，向用户提供信息和娱乐服务的传播形态。严格地说，新媒体应该称为数字化新媒体。它的内容和形式处于多变和不断发展的状态，传播媒介涉及电脑硬件、软件、数字通信网络、数字视频、声频、光盘等高新技术和设备。新媒体通过视频、音频的合理装置，对文字、图像、音乐、动画等数字资源进行编程，将多媒体演示、三维激光全息投影系统、触摸和程控系统等整合在一个交互式整体中，形成互动的信息交流形式。商品包装的设计打破了传统包装以印刷为唯一媒介的局面，以视频系统的色彩模式和影像的方式进行信息传达，借助多媒体领域所特有的“交互性”，将动态与静态相结合的信息传播方式，商品包装设计的设计主题、设计定位、传达策略、基础风格和表现形式与最终的传播媒介和展示平台相结合。通过实物、照片、模型、幻灯片、表演、灯光、音响等多种媒介，将视觉信息、听觉信息和触觉信息等多种信息形态综合在一起，形成视听结合的传播形式，以增加包装平面设计、展示设计的可看性和消费者的参与性，与消费者进行交流和对话，真正产生互动，使商品传达信息的效力更强、传达的效率更高，使包装设计的最终接受者以最佳方式获取信息，成为包装与消费者之间沟通的桥梁。

高新技术的浪潮将包装推向了更高的发展境界，人工智能与包装的结合是历史的必然。智能化包装是指在一个包装、一个产品或产品与包装组合中，有一个集成化元件或一项固有特性。通过此元件或特性，把符合特定要求的智能成分赋予产品包装的功能中，或体现于产品本身的使用中。智能化包装利用新型的包装材料、结构与形式，对商品的质量和流通安全性进行积极干预与保障；利用信息收集、管理、控制与处理技术，完成对运输包装系统的优化管理等。智能化包装对环境因素具有“控制”“识别”和“判断”功能可以控制、识别和指示包装微空间的温度、湿度、压力，以及密封的程度、时间等一些重要参数，还可以控制食品质量，提供食品品质信息，有效延长食品的货架寿命和新鲜食品的新鲜品质，能够最大限度地保持食品的质量和营养价值。比如，通过应用新型智能包装材料，改善和增加包装的功能.以达到和完成特定包装的目的。目前，研制的材料智能化包装，通常采用光电、温敏、湿敏、气敏等功能材料，是对环境因素具有“识别”和“判断”功能的包装。包装材料复合制成，它可以识别和显示包装微空间的温度、湿度、压力以及密封的程度、时间等一些重要参数。这是一种很有发展前途的功能包装，对于需长期贮存的包装产品来说尤为重要。

功能结构智能化包装是指通过增加或改进部分包装结构，而使包装具有某些特殊功能和智能型特点。功能结构的改进往往从包装的安全性、可靠性和部分自动功能入手进行，这种结构上的变化使包装的商品使用更加安全和方便简洁。最具代表性的是智能啤酒密封罐技术：当这种智能啤酒罐拧开后，可使啤酒在 3 分钟内自动冷却 16.7 摄氏度，从而让人们喝到爽口的冰镇啤酒。该啤酒罐之所以能达到这样的效果，是因为啤酒罐采用了独特的智能包装技术。这种啤酒罐有上下两部分，上部分装啤酒，啤酒外层用含水凝胶包裹；下部分由真空层、干燥剂和热吸收剂层组成。在拧开啤酒罐时，罐内压力下降，引起罐内水分蒸发，使啤酒温度下降，蒸发的水被干燥剂吸收，同时热吸收剂吸收热量，这样啤酒罐既可以保鲜又可以冰镇。

第二章 包装品牌塑造的设计元素

第一节 包装设计的图形元素

包装设计元素中的图形是具有直观性、有效性、生动性的丰富表现力及标明个性的形象化语言,是构成包装视觉形象的主要部分。在激烈的市场环境竞争中,商品除了具有功能上的实用和品质上的精美的特点外,外包装更应具有对消费者的吸引力和说服力,凭借图形的视觉影响效果,将商品的内容和相关信息传达给消费者,从而促进商品的销售。通过介绍图形在传达商品信息中的重要性及其基本原则,进而对图形的表现形式与方法进行分析,这对于正确认识图形、指导设计实践具有重要的现实意义。

图形作为包装设计的要素之一,具有强烈的感染力和直截了当的表达效果,在现代商品的激烈竞争中扮演着重要的角色。图形作为包装设计的语言,就是要把形象(主要指商品的形象和其他辅助装饰形象)的内在、外在的构成因素表现出来,以视觉形象的形式把信息传达给消费者。

一、图形的分类

图形设计的内容范围很广,按其性质可分为以下几种。

(一)商品形象

包括商品的直接形象和间接形象。直接形象是指商品自身的形象,间接形象是指商品使用的原料的形象。

(二)人物形象

人物(动物)形象是以商品的使用对象为诉求点的图形表现,如形象代言人等。

(三)说明形象

以图文并茂的形式给消费者更清晰、生动的注解。

(四)装饰形象

为了让包装产生极强的形式感,常选用抽象或有吉祥寓意的装饰形象,用来增强商品的感染力。

(五)图形标志

以精练的艺术形象来表达一定含义的图形或文字的视觉符号,它不仅为人们提供了识别及表达的方便,而且具有沟通思想、传达明确的商品信息的功能,还担负着传播企业理念与企业文化的重任,并能与各种媒体相适应,成为现代商业市场品牌的代言人。

图形在视觉传达过程中具有迅速、直观、易懂、表现力丰富、感染力强等显著优点,因此在包装设计中被广泛采用。图形的主要作用是增加商品形象的感染力,使消费者产生兴趣,加深对商品的认识、理解,产生好感。在包装设计中,图形要为设计主题、塑造商品形象服务,要能够准确传达商品信息和消费者的审美情趣。常用图形有两种,一种作为主体形象来表现设计主题;另一种作为辅助形象来装饰、渲染设计主题,以增加艺术气氛。图形根据具体形式表现可分为具象图形、抽象图形、意象图形三种基本类型。

1.具象图形

客观对象的具体塑造形态,通常采用绘画手法、摄影写实等表现商品的形象。设计师可以根据包装的定位进行平面设计,为商品服务。摄影写实与绘画手段相比,具有表现真实、直观的特点,但对商品的艺术表现性较为欠缺。通常设计商业味道较浓的包装时,习惯采用摄影的手法传达商品形象;设计文化味道较浓的包装时,通常采用绘画的手法传达商品形象。

2.抽象图形

由抽象图形构成包装视觉效果是现代包装设计的一种流行趋势。使用抽象图形设计的包装,常会使人产生一种简单、理性、紧密的秩序感,从而产生一种强烈的视觉冲击力。

在运用抽象图形时,首先要注重画面的外在形式感,可运用基本形的重复、近似、渐变、突变、发射、密集、打散、对比等组织方法,表现出不同风格的图形,以展示画面的形式美;其次要注重该图形给人带来的丰富想象,以确保消费者在理解抽象图形的含蓄表达的同时,间接地掌握商品的特性。

3.意象图形

意象图形是指从人的主观意识出发,利用客观物象为素材,以写意、寓意的形式构成的图形。意象图形有形无保,讲究意境,不受客观自然物象的形态和色彩的局限,采用夸张、变形、比喻、象征等方法,给人以赏心悦目的感受。中国传统图案中的龙纹、凤纹,外国的希腊神话故事图案,埃及古代壁画图案等均是意象图形。

借用传统意象图形切不可硬搬照抄,应从时代性的审美角度出发,要有所取舍、有所变化,更要有所创新,这样才会产生出奇特的视觉诱惑力。

在设计表现中,具象图形、抽象图形、意象图形这三种图形可以结合应用。电脑设计的图形表现把这三种图形融洽地结合在一起,创造出一种新的视觉传达语言。此外,还可以借助生产工艺中的烫金、印金、凹凸压印、上光、模切等手段来丰富图形的表现。

二、图形在包装上的传达特征

(一)直观性

文字是传播信息的局面形式,是记录语言的符号,如果不了解这种符号的规律,看了也不解其意。比如英文在包装设计上受地域性局限,对某些人来说,英文只是一群文字排列而已,不能意会到任何内容,无法产生任何感情,但如果用图形来表达,却能使不同地区的人对图形所载的信息一目了然。图形是一种有助于视觉传播的简单而单纯的语言,这种直观的图形仿佛是真实世界的再现,具有可观性,使人们对其传达的信息的信任度超过了纯粹的语言。如在商品外包装用一些非常逼真的图形,便可生动地展现商品的优秀品质,其说服力远远超过了语言。

(二)情趣性

语言文字符号能准确传递信息,但是难免给人以生硬冰冷之感(此种说法排除书法),而图形在传递信息时是以情趣性见长,使人在接受信息时处于一种非常轻松愉快的状态。

商品包装中的图形设计可采用拟人化手法来表达人情味,也可采用夸张手法将视觉形象艺术地夸大或缩小,还可通过卡通图形使商品特征更加鲜明、典型且富有感情。设计师强烈的主观精神使包装形态得到改变,从而创造出理想的形式美和情趣性,使消费者被图形表达出来的情趣性所吸引,产生购买欲望。

（三）可知性

可知性是指在商品包装设计中，图形的建立能准确地传递出被包装物的信息，使消费者可以从图形中准确地领悟到所传达的意义，而不会造成误读的现象。

（四）吸引性

吸引性是包装图形设计的主要目标。图形设计得成功与否，关键在于能不能吸引消费者的注意，使其产生购买欲望。在琳琅满目的包装物中，消费者究竟如何选择涉及信息传递以及消费者如何接受等问题。一般来讲，人的眼睛是获取外界信息的重要器官。实践证实，70%的外界信息是通过人的眼睛获取的。人的眼睛不仅能接收文字信息，更能直接从图形形象中获取信息。眼睛所看到的图像、感觉（信息）经过大脑整理后补充不必要的刺激，将知觉集中在图形刺激上，即产生了视觉认识的特性。

影响人们在包装上的视觉的因素包括客观心理及主观心理。注意人的心理活动对图形或其他事物的指向和集中，这种指向和集中使人们能清晰地反映现实中的事物。在包装图形设计中，要利用各种创意和手段产生新奇感和刺激感，使包装形象能迅速地渗入潜意识，促使人们不知不觉进入注意、兴趣、欲望、比较、决策及购买的过程中。

图形在包装视觉认识上的特性主要是利用错视、图与背景处理手法来实现的。错视是利用图形构成设计变化来引起观者在感觉阶段上的情绪心理活动。把圆点放在上方，则力量提升，放在下方，则重心下降，有稳重感；把点分放在画面两边，则动感加大。这种错视效果能够达到图形在包装感受设计上的视觉假象的效果，顺应消费者的视觉感受。

从视觉心理学上讲，包装设计形象为图形，其他部分则称为背景。图形应是对视网膜形式的需要，这种需要使图形部分变成背景，背景变成图形。

（五）一致性

包装设计的目的是保护和促销商品。包装图形的建立与一般的平面设计有所不同，它要考虑“四面八方”的效果。若是圆形包装的图形设计，则要考虑其连续性，以满足商品展示、陈列的需要；若是直式的包装盒与横式的包装盒的图形设计，则要使它们展示时产生另一种效果，使每一个包装仍然是完整的。系列包装的图形设计主要改变包装大小、造型和结构，统一图形设计，造成既具有整体性又有视觉特性的效果。

三、图形在包装上的表现元素

图形设计的最终目的是以形象来传递信息。通过对代表不同词义的形象进行组合而使含义连接，进而构成完整的视觉语句，传达完善的信息。因而，在创意的过程中必须考虑如何以形达意的问题，努力创造出一种与想象相一致的、能有效传播信息的、新颖的外在形式。由于一个完整的视觉语句主要由形象元素组织构成，所以在图形的形式创造中，首先要注意的是收集与整理所需的表现元素，然后再将这些元素构建成完美的视觉语句。

唯有独特的设计表现元素才能构成独特的视觉语句，才能成为一件新颖的设计作品。包装图形所运用的表现元素一般分为四个方面：线形、面形、纹理形、摄影形。

线形是依靠明确的笔线组成形象，主要包括尖锐的、宽和的、硬朗的、朦胧的、粗细均一的形象设计。

图形主要包括大面造型、大小面对比造型、小面刻画型、色彩透叠面形等形象设计。

纹理形是利用不同纹理刻画并区分不同的面，主要包括利用不同的点线排列成干笔画法、捶印，利用布料、金属网版、皮革、塑料质感效果来塑造形，利用报纸、杂志、图纹印刷媒介物来塑造形，利用印刷网版技巧来构造形等。

摄影形最大的功能是能够真实、正确地再现商品的质感及对形状的静态表达，能够表现瞬间捕捉到的动态形象。

一般包装图形与商品之间具有相关性才能充分地传达商品的特性，否则包装图形就不具有任何意义，不能让人联想到是何东西，不能期望它发生何种效果，那将是设计师的最大败笔。什么样的商品包装、需要什么样的图形模式应根据商品的特性而定，像罐头食品、蛋糕、玩具、家用电器等使用摄影图形为宜，药品、香烟、清洁用品等使用线形、面形、纹理形等抽象图形为宜。

四、图形在包装上的运用模式

为了使顾客能直接了解商品包装的内容物，必须以图形的形式再现商品，以便对消费者产生视觉需求，通常使用方法有具象图形、半具象图形、抽象联想图形及包装结构的合理利用设计。如食品等商品的包装设计，为了表现美味的真实性、可视性，往往将商品实物的照片设计在包装盒上，以便加深购买者对商品的鲜明的印象，增强购买欲。半具象图形则利用简化的图形设计睹物思情，可以使人看到此图形就联想到包装盒内存放的食品，如奶粉的包装在图形上应用牛的形象，橙汁的包装就可以在包装上使用橙子的图像。这些都是为了加强消费者对商品的印象，利用联想的方式让消费者认知商品。抽象图形不具有用感性所能模仿的特征，它是对事物和形态有了更深一层的认识后再转化的图形，所以不涉及一个具体的形象。在味觉商品、化妆品方面的包装设计中常运用此类图形。

图形在包装设计中的地位是不可估量的，它是设计中最重要的视觉造型要素，是商品广告策略的需要。商品包装图形的建立应该符合商品认识的特征，从而满足人们的心理和视觉的需求。总之，一切优秀的、富有创意的图形设计都是设计师以外部世界及设计本身的情感体验为基础进行的设计。因此，不同的设计师在其长期的设计过程中，会形成一整套个性化的设计语言，在图形色彩的选择和搭配方面、图形形态和样式的创造方面，会表现出明显的个人特色。

第二节　包装设计的文字元素

文字在包装设计中可以分为主体文字和说明文字两个部分。主体文字一般为品牌名称或商品名称，字数较少，在视觉传达中处于重要位置。主体文字要围绕商品的属性和商品的整体形象来进行选择或设计。说明文字的内容和字数较多，一般采用规范的印刷标准字体，所用字体的种类不宜过多。说明文字设计的重点是处理字体的大小、位置、方向、疏密的设计，协调与主体图形、主体文字和其他形象要素之间的主次与秩序，达到整体统一的效果。说明文字通常安排在包装的背面和侧面，还要强化与主体文字的大小对比，通常采用密集性的组合编排形式，可以减少视觉干扰，以避免喧宾夺主、杂乱无章。

在包装设计中，文字设计以迅速、清晰、准确地传达视觉为基本原则，以采用标准的、可读性和可认性很强的文字为主，不进行过多的装饰变化。如果把文字当作设计的主体形象来运用时，对文字可以进行适度的变体处理，注意强调形象的表现作用，力求醒目、生动，并突出个性特征，使其成为塑造商品形象的主要形象之一；如果把文字当作辅助图形来运用，在设计中仅起装饰作用时，文字的作用已转换为图形符号，其可读性和可认性均可忽略，而只注重于艺术装饰效果，这是应该另当别论的。

一、包装设计中文字的设计原则

设计文字的目的是要使文字既具有充分传达信息的功能，又与商品形式、商品功能、人们的审美观念达到和谐和统一，一般可根据以下几个原则进行设计。

(一)要符合包装设计的总体要求

包装设计是造型、构图、色彩、文字等的总体体现，文字的种类、大小、结构、表现技巧和艺术风格都要服从总体设计，要加强文字与商品总体效果的统一与和谐，不能片面地突出文字。

(二)要结合商品的特点

包装文字是为美化包装、介绍商品、宣传商品而选用的。文字的艺术形象不仅应有感染力，而且要能引起联想，并使这种联想与商品形式和内容取得协调，产生统一的美感，如有些化妆品用细线体突出牌名与品名，能给人以轻松、优雅之感。

(三)应具有较强的视觉吸引力

视觉吸引力包括艺术性和易读性，前者应在排列和字形上下功夫，要求排列优美、紧凑、疏密有致，间距清晰又有变化，字形大小、粗细得当，有一定的艺术性，能美化构图。易读性包括文字的醒目程度和阅读效率，易读性差的文字往往使人难以辨认，削弱了文字本身应具有的表达功能，缺乏感染力，容易令人产生疲劳感。一般字数少者，可在醒目上下功夫，以突出装饰功能；字数多者，应在阅读效率上着力，常选用横划比竖划细的字体，以便于视线在水平方向上移动。

(四)字体应具有时代感

字体能反映一定的年代，若能与商品内容协调，会加深消费者对商品的理解和联想。如篆体、隶体具有强烈的古朴感，能够显示中华民族悠久的历史，用于西汉古酒、宫廷食品等的包装就很得体，而用于现代工业品，古朴感字体与商品的现代感大相径庭，此时应用现代感较强的字体，如等线体、美术字等就很协调。

(五)选用文字种类不能过多

一个包装画面或许需要几种文字，或许中、外文并用，一般文字的组合应限于三种之内。过多的组合会破坏总体设计的统一感，显得烦琐和杂乱；任意的组合则会破坏总体设计的协调与和谐。

（六）文字排列尽量多样化

文字排列是构图的重要部分，排列多样化可使构图新颖、富于变化。包装文字的排列可以从不同方向、位置、大小等方面进行考虑，常见的排列有竖排、横排、圆排、斜排、跳动排、渐变排、重复排、交叉排、阶梯排等多种。排列多样化应服从于整体，应使文字与商标、图案等互相协调，使之雅俗共赏，既有新意又符合大众习惯。

二、包装设计中文字的呈现形式

文字设计是视觉传达设计中一个非常专业化的领域，它具有两方面的特点：其一是人对文字造型的感受要比对一般图的感受细腻得多，与图形选择相比，字体被规定的范围要狭窄得多；其二是文字源远流长，多少个世纪的历练与琢磨使得每个字不仅意义充实，同时具备了优美的形象和艺术境界。

（一）表象装饰设计法

表象装饰设计法是将词语或字的笔画进行处理而得到装饰的方法。该方法能够很直观地告诉消费者商品的特征，给消费者带来了便利。

（二）意象构成字体法

意象构成字体法又称意象变化字体图形法，其特点是运用文字个性化的意象品格，将文字的内涵特质通过视觉化的意象品格和表情传神构成自身的趣味，通过内在意识和外在形式的融合，一目了然地展示其感染力。该方法渗透了现代设计的思想，赋予文字由内而外的强烈意念，通过丰富的联想，别出心裁地展示了浪漫色彩变化的意象文字。如可口可乐公司的罐装的包装字体设计，波浪形的汉字字体与英文字母结合，从视觉的统一到概念的统一，深刻地向消费者传递了一种包装文化，中西合用，让消费者耳目一新。

三、包装设计中文字的组合运用

文字是包装设计中进行直接、准确的视觉传达的媒体。在包装设计中，文字与色彩、图形的组合不但可以提高信息传达的效率，也能增强商品的视觉感染力。

文字的重叠、重复、透视、放射、渐变等形式将会在视觉上给人特殊的效果，例如可口可乐的汉字字体的处理使文字看起来更生动、有趣，更有视觉冲击力和可行性。如果在包装设计中使用图形与文字相组合的形式，那么画面更具有说服力，将文字的内涵与外在的形式相结合，展示商品的诱惑力，吸引更多的消费者。例如，舒肤佳香皂的汉字字体与盾牌形背景图案的结合体现了商品的安全理念，有深刻的设计内涵。

四、包装设计中文字设计的应用原则

（一）人性化原则

基于人性化的理念来审视包装造型设计过程中的文字设计，无论内包装或外包装、单个包装或集合包装，都是以方便人的使用为原则的，即需要以人体工学的研究为基准。对诸如销售包装物的便于开启、抓放、拿捏、倾倒、封闭等，运输包装物的便于装卸、抬放、搬运等进行科学合理的设计时，可以用文字提醒消费者。同时，包装文字设计也必须以人的视觉特性为基准，要便于阅读、识别并获取信息，便于吸引消费者的注意力并与人们的审美取向相统一。

（二）生态意识、环境保护原则

在包装设计中，文字设计也要遵循生态原则，传递给读者以保护环境、绿色生活的理念。

（三）简约原则

简约设计原则就是减少或优化视觉装饰要素，即主次分明、以少胜多地让视觉空间或紧凑，或灵动，或轻松地形成愉悦而更富有想象与思考的空间。简约并不等于简陋或简单，它体现在包装设计上就是使用最普通的材料、最简单的工序、尽量少的印刷，设计出最简洁的造型、最方便实用的包装方式。把简约主义的设计原则应用到包装设计中，改善包装与人之间的关系，使得包装给商品带来“好人缘”。

（四）审美化原则

艺术方式的审美法则是人类通过长期艺术实践和视觉审美总结出的规律性法则，是从大量具体的美的形式中提炼、概括出来的形式美的规律。在包装造型设计中，利用造型设计语言，在艺术审美法则的指导下，追求一种空间的、动感的、有趣味性的造型，将通俗的美学观念通过包装形态和装潢予以实现。对包装造型设计的艺术美的探讨，就是要突破固定的美的表现形式，将美学的规律和观念通过包装的各种要素予以表达，塑造技术与艺术相统一的审美形态。

（五）创造性原则

创造性的设计实际上也是“应时而变、不断创新”的命题。艺术随时代而嬗变，不同时代的包装设计是由其所处时代的新材料、新结构、新形态、新工艺、新文化、新风格等综合要素共同体现的。一项新创造或新发明往往都是在一定的条件下产生的，而且它的成果又成为后人创造的基础。创造是无限的，是知识进化和文明进步的源泉。从人类历史的发展来看，包装本身就是人类物质文明和精神文明进步的综合性创造。因此，在包装造型设计的“文化亲和力”的探索与实践中，创造性设计也就成为包装繁荣发展的重要前提和原则之一。

五、包装设计中的文字设计应该注意的问题

在包装的文字设计中，设计要点应围绕以下几点去考虑。

（一）注意文字的识别性

文字的基本结构是几千年来经人们创制、流传、改进而约定俗成的，不能随意改变。因此文字结构一般不做大的改变，而是多在笔画方面进行变化，这样文字才能保持良好的识别性，便于大众使用。例如，对于大家不熟悉的篆书、草书的应用，为避免不易看懂，可适当地进行调整，使之易为大众看懂，而又不失其味。现今的包装设计的内容的变化及形式的转化非常之快，文字设计必然顺应潮流、不断创新，特别是那些标题性的大字在包装上尤为突出，因此对文字独特的识别性不可忽视。

（二）突出商品属性

一种有效的文字设计方法是根据商品的属性，选择某种文字作为设计蓝本，从各种不同的方向去揣摩、探索，尽可能展示各种可能性，并根据商品特性来进行造型优化，使之与商品紧密结合，更加典型、生动，突出地传达商品信息、树立商品形象、加强宣传效果。另一种有效的文字设计方法是使文字设计具有艺术性，包括使文字设计具有独特的识别性和传达商品信息的功能，以及具有审美的艺术性。在设计中应善于运用优美的形式法则，让文字造型以其艺术魅力吸引和感染消费者。

（三）注意整体编排形象

包装中的文字设计除了本身造型之外，文字的编排与设计是体现包装形象的

另一个因素。编辑处理不仅要注意字与字、行与行的关系，以及对包装上的文字编排在不同方向、位置、大小方面进行整体考虑，使之形成一种趋势或特色，而不会产生支离破碎、凌乱的感觉，同时要注意同一内容的字、行应保持一致。包装设计中的文字属性及设计变化主要是由中文字和外文字来体现的。

中文字主要指汉字。我国的汉字历史悠久，字体造型富有变化。从历史来看，汉字起源于象形文字，主要有大篆、小篆、隶书、楷书、行书、草书和经过简化的现代文字。从艺术特征上看，大篆粗犷有力，小篆匀圆柔婉、风流飘逸，隶书端庄古雅，楷书工整、秀丽，行书纤巧爽朗，草书活泼飞动，在经过简化的汉字中，老宋字形方正、横溪真粗，笔画起落转折明确，造型典雅工整，仿宋笔画粗细均匀，起手笔顿挫明显，风格挺拔秀丽，黑体笔画粗细相等，有装饰线脚，粗犷、醒目、朴素大方，变体字风格多样，千变万化，以商品的属性为识别特征，独具风格。这些字体构成了包装设计中的生动的语言信号，在设计中，运用不同的字体可以表现不同的商品特征、传达商品信息并取得良好的效果。

外文字主要指拉丁文字。拉丁文字起源于图画，字体经过了复杂的演变、分化过程，才形成了今天各种不同风格的字体。拉丁文字形体简练、规范，便于认读和书写。从艺术特征上看，老罗马字体笔画粗细变化，字端有呈现和衬胶，字的高度和字端款有一定的比例关系，造型优美、和谐。

文字设计的构思与图形设计的构思一样，也应用象征、寓意的手法对文字进行夸张、简化、变形等艺术方面的处理，并加以整体的重新组合排列，应用字体的大小、字形的方圆、线条的粗细，以及方向、位置、色彩、肌理等多种编排方式，从而产生千变万化的新字体，追求新颖多样的视觉效果。

文字设计还可以采用对字体增加装饰或精简笔画、笔画相互借用连写、字母大小混写的方法，可以把文字以散点排列作为底纹处理，或者组成装饰性强的文字图案。在立体性的包装中，文字的书写可以由一个平面跨越到另一个平面上，以增加文字的形象，强调文字所传达的深刻含义和艺术效果。

第三节　包装设计的色彩元素

色彩具有象征性和感情特征，它在包装设计中承担有两重任务：一是传达商品的特性，二是引起消费者感情的共鸣。

色彩具有象征性，能使人产生联想，一种是具体事物的联想，另一种是抽象概念的联想。例如红色可以使人联想到太阳、苹果等具体事物，也可以联想到热烈、喜庆等抽象概念。色彩具有感情特征，能使人产生感情上的共鸣。

色彩是表现商品整体形象的最鲜明、最敏感的视觉要素。包装设计通过色彩的象征性和感情特征来表现商品的各类特性，如轻重、软硬、味觉、嗅觉、冷暖、华丽、高雅等。色彩的表现关键在于色调的确定。色调是由色相、明度、纯度三个基本要素构成的，通过它们形成了六个最基本的色调。

(1)暖调——以暖色相为主，表现为热烈、兴奋、温暖等。

(2)冷调——以冷色相为主，表现为平静，安稳、清凉等。

(3)明调——以高明度色为主，表现为明快、柔和、响亮等。

(4)暗调——以低明度色为主，表现为厚重、稳健、朴素等。

(5)鲜调——以高纯度色为主，表现为活跃、朝气、艳丽等。

(6)灰调——以低纯度色为主，表现为镇静、温和、细腻等。

在以上六个基本色调的基础上，再通过各种组合与变化，便可以产生表现各种情感的不同色调。在具体应用中，结合包装设计的实际功能，应注意以下几个方面。

(1)从消费群体考虑。

(2)从消费地区考虑。

(3)从商品形象考虑。

(4)从商品的特性考虑。

(5)从商品的销售使用考虑。

(6)从商品系列化考虑。

包装设计时色彩技巧应该注意以下几点：一是色彩与包装物的照应关系，二是色彩和色彩自身的对比关系。这两点是色彩运用的关键所在。

一、照应

色彩与包装物的照应关系主要是通过外在的包装色彩揭示或者映照内在的包装物品，使人一看外包装就能够基本上感知或者联想到内在的包装物品为何物。对于这个问题，笔者多次在过去的文章中提到过，但是如果我们能走进商店往货架上一看，就会发现不少商品并未能体现出这种照应关系，导致消费者无法由表及里地去想到包装物品为何物。当然，包装也就对商品的销售发挥不了积极的促销作用。正常的外在包装的色彩应该不同程度地把握色彩与包装物的隔应关系。

(一)行业

食品类包装的主色调多为鹅黄、粉红,以给人温暖和亲近之感。当然,茶类包装也有不少使用绿色,饮料类包装也有不少使用绿色和蓝色,酒类、糕点类包装也有不少使用大红色,儿童食品类包装也有不少使用玫瑰色。日用化妆品类包装的主色调多以玫瑰色、粉白色、淡绿色、浅蓝色、深咖啡色为主,以突出温馨、典雅之情致。服装、鞋帽类包装的主色调多以深绿色、深蓝色、咖啡色或灰色为主,以突出沉稳、典雅之美感。

(二)性能特征

单就食品而言,蛋糕、点心类包装多用金色、浅黄色,给人香味袭人的印象;茶类包装多用红色或绿色,象征着茶的浓郁与芳香;番茄汁、苹果汁多用红色,集中表明了该商品的自然属性。尽管有些包装从主色调上看不像上边所说的那样用商品属性相近的颜色,但是在商品的外包装的画面中必定有象征色块、色点、色线或以该色突出的集中内容的点睛之笔,这应该是设计师们的得意之作。从一些服装、化妆品,甚至酒的包装中都能找到很多这样的例子。

二、对比关系

色彩与色彩的对比关系是在很多商品包装中最容易表现却又非常不易把握的事情。在出自高手的设计中,包装的上好效果就是"阳春白雪",反之就是"下里巴人"了。在中国书法与绘画中常流行这样一句话,叫"密不透风,疏可跑马",实际上说的就是一种对比关系,表现在包装设计中,这种对比关系非常明显,又非常常见。所谓对比,一般都有以下几个方面,即色彩使用的深浅对比、色彩使用的轻重对比(或叫深浅对比)、色彩使用的点面对比(或大小对比)、色彩使用的繁简对比、色彩使用的雅俗对比(主要是以突出俗字而去反衬它的高雅)、色彩使用的反差对比等。

第四节　包装设计的编排元素

编排是一种艺术形式,它服务于其他形象要素,但并非完全被动。同样的图形、文字、色彩等形象，经过不同的编排设计，可以产生完全不同的风格特点。编排在塑造商品形象中是不可忽视的形式之一，它依据设计主题的要求，借助其他形象要素，共同作用于整体形象。包装设计的编排形式同一般的平面设计的差别在于，商品包装是由多个面组成的立体形态。因而，除了掌握一般的平面设计的编排原则和形式特点外，处理好各个面之间的关系是商品包装设计的关键。

商品包装按照陈列方式来分，有立式包装与卧式包装两种。

编排的基本任务是处理各个面和各个形象要素之间的主次关系和秩序，编排的结构与形式感是在此基础上建立的。主次的表现除了突出表现主体形象外，还必须考虑主、次各个面中每个形象要素之间的对比，例如所有在此面上重复出现的与主面相同的图形和文字的形象，均不可大于主面上的形象，否则，整个包装会造成视觉混乱，破坏整体的统一。秩序的表现是把各个面和各个形象要素统一、有序地联系起来，除了把握好各形象要素之间的大小关系，还要确定它们各自所占的位置并使它们互相产生有机联系。处理各形象要素之间的有机联系的一个比较有效的方法是，以主面的主体形象和主体文字为基础，向四面延伸辅助轴线到各个次面上，将次面上的各形象要素的位置安排在这些延伸的轴线上，然后通过次面所确定的形象要素再延伸辅助轴线到各个次面上，从而确定各个形象要素的位置。通过这种方法来安排各个面上的每个形象要素，形象要素之间便产生了一种互联，加上主次关系处理恰当，便可产生统一有序的秩序感和形式感。

包装设计中，有一种特殊的编排形式称作跨面设计，它是把主体形象扩大到两个面或多个面上的一种编排形式。这种编排多用于体积较小的立式包装，目的是在商品陈列展示中起到扩大展示宣传效果，增加视觉冲击力、感染力的作用。跨面设计既要考虑到把多个面组合为一个大的展示面，还要考虑到每个小商品包装可以没有图形，但不能没有文字。商品的许多信息内容唯有通过文字才能准确传达，如商品名称、容量、批号、使用方法、生产日期等。

第三章 包装材料与结构设计

第一节　包装材料

一、材料的分类

材料是人类文明的物质基础，是社会进步的先导。材料是人类用于制造物品、构件、机器或其他产品的物质。材料有不同的分类方法，人们习惯上将材料分为传统材料（也称为自然材料）和新型材料两大类。传统材料是天然形成的非人为加工的材料，如木材、石材、黏土等。传统材料具有真实、和谐的原始特性。用传统材料制作的作品能给人以亲切感，特别是在高度文明的社会里，传统材料有着极强的亲和力，可以使人感到温馨、舒适。新型材料是非自然的人工合成的材料，它是多门学科、多种技术和工艺交叉融合的产物。近年来，随着技术的发展，有关新型材料特别是新功能材料的研究开发工作不断取得新的成果。两类材料都必须得到同等的重视。从某种意义上来说，在传统材料和新型材料之间并没有严格的界限，它们之间是相互依存、相互促进、相互转化、相互替代的关系。通过采用新技术，提高技术含量，提高性能，大幅度增加附加值，传统材料可以成为新型材料；新型材料在经过长期的生产与应用之后也可以成为传统材料。

传统材料是发展新型材料的基础，而新型材料往往又能推动传统材料的进一步发展。

二、材料的基本特性

常用的材料主要有纸、金属材料、木材、竹材、植物纤维、塑料和复合材料等。其中，木材是一种优良的造型材料，自古以来，它一直是最受欢迎、最常用的传统材料，其自然、朴素的特性常给人以亲切感。不同的木材，质地不一样，加工的手法也就不能一概而论。通常可以采用手工和机器加工两种方法，对材料进行锯割、刨削等。木材与其他材料相比，加工能耗最小，且具有良好的环保性。各种木材有着天然的色彩和纹理，色彩是决定木材印象最重要的因素，也是设计中最生动、最活跃的因素。木材有较广泛的色相，如橡木偏黄色，紫檀偏红色。

整个包装采用不规则的几何形态，木材天然的纹理和颜色，使产品获得了更加丰富的造型感，也突出了产品的纯天然。不同的木材具有不同的材质和纹理，如针叶树材质软，纹理细，阔叶树材质硬，纹理变化丰富。根据纹理的不同设计商品包装，可以给人一种赏心悦目的感觉。包装材料的各种性能是由它本身所具有的特性和各种加工技术赋予的。随着科学技术的不断发展，各种新材料、新技术、新工艺不断涌现，将有越来越多具有新功能的包装材料来满足新产品包装的需求。

第二节　包装结构设计

包装结构是指包装的不同部位或单元形体之间的构成关系。包装结构设计是指从包装的保护性、方便性等基本功能和生产实际条件出发，科学地对包装内、外部的结构进行优化设计，因此，包装结构设计更加侧重于技术性与物理性。

一、包装结构设计的分类

包装结构伴随着材料的发展和技术的进步而发展变化，逐渐达到合理、适用、美观的效果。包装结构设计包括固定式包装结构设计与活动式包装结构设计两类。

固定式包装结构设计指造型部位或材料之间相互扣合、镶嵌、粘贴，以富有变化和极其巧妙的特点来表达结构设计的技术美和形式美。

活动式包装结构设计主要是对于包装的盖部结构而言的，这也是包装结构设计中最关键的部分。

包装结构设计是商品包装的一个重要组成部分，在设计包装结构时既要考虑到造型和装潢上的美观问题，也要考虑到结构上的科学合理问题。结构设计良好的包装，不仅可以容纳和保护商品，美化商品，促进商品销售，便于携带、便于使用、便于展销和便于运输。用充满创意思维的造型和结构来展现现代包装的美感，是包装设计师应该关注的问题。当然，包装的整体形态可以说是包装平面设计、包装结构设计、包装装潢设计共同体现出来的。平面中对色彩的运用和装潢中对材料的把握都会对包装的最终形态产生影响，但从包装的整体形态上来说，包装材料的影响是较大的。

二、包装结构设计的原则

（一）对商品的保护性

对商品的保护性主要可以从商品本身的特性，以及运输和储存的角度来考虑。商品在运输过程中难免会遇到磕磕碰碰，还有些商品由于本身的特性需要在储存上进行充分的考虑，例如葡萄等怕挤压的水果，在包装上多采用木盒等坚硬、抗挤压的包装；化妆品由于本身用量小，易挥发，所以包装的口径都很小，以控制用量和抑制挥发。

（二）商品使用的便利性

在对一些商品进行包装前要考虑商品携带、开启、闭合、使用的便利性；除此之外，还要结合销售区域的地理环境进行科学的设计。例如，有一定重量的商品要考虑设计提手，食品类商品要考虑到多次取用的便利性。

（三）对人体工程学的适合性

人体工程学是根据人的解剖学、生理学和心理学等特征，了解并掌握人的活动能力及极限，使生产器具、生活用具、工作环境、起居条件与人体功能相适应的科学。任何包装都是要给人使用的，所以包装设计师在设计的过程中必须考虑到人体工程学，对包装的外形和结构进行科学的分析。如果包装不符合人体工程学，致使人们在使用的过程中产生疲劳感，那么这个包装的前景将是非常暗淡的。

（四）制作工艺的可行性

在进行包装造型设计的时候要考虑到不同材料、不同包装的加工方法是不一样的。包装造型设计离不开对材料的选择和利用。现代包装不同于手工业时期的包装，需要在机器上进行大批量生产。因此，包装设计师在设计的时候要考虑到加工工艺的难度与可行性，无论是在材料上，还是在工艺和加工成本上，都要进行仔细的考虑。

（五）包装材料的可回收性

包装大都是一次性的，在内部的商品使用完后，包装基本上都会遭到废弃，给我们的环境带来了严重的污染。绿色包装已经成为现代包装发展的趋势。包装设计师在设计包装前要考虑包装材料的可回收性与再利用性，以及材料本身的再生性，以减少包装对环境的破坏与污染。

三、包装结构设计的要素

包装结构设计也称为包装造型设计。包装本身是商品的组成部分，是消费者与商品的媒介，消费者在购买商品时首先接触的是包装，包装结构设计会在生理上和心理上给消费者带来很大的影响。

包装结构与生产工艺、商品成本，以及商品的销售和运输有很大的关系，所以包装结构设计不仅要追求形式美，还要追求实用性。包装结构设计可以运用多种方式，从多个角度追求包装的造型美、材质美和工艺美。下面介绍几种常见的包装结构设计的要素。

（一）线型要素

点、线、面是绘画中重要的构成要素，而线型要素是包装结构中基本的形态要素。线在包装结构中大致分为两类：一类是形体线，另一类是装饰线。形体线就是我们常说的外形轮廓，装饰线是商品包装上不改变形体的装饰元素。

线条有着自己的情感与表情。线条大体上可以分为竖线、曲线、水平线、斜线等。竖线给人以力量感；曲线给人以柔美、婉转、光滑、细腻的感觉，常见于女性化妆品包装；水平线给人以四平八稳的稳定感；斜线则给人以运动感，在运动产品包装中常常能看见它的身影。

（二）体块要素

体块构成法也称为体块组合法或体块加减法。首先需要以一个基本体块为主要原型，然后对这个基本体块进行加减或组合，形成新的结构。体块构成的方式多种多样，常常会产生意想不到的效果。在设计过程中，要注意不要太过繁杂，要注意局部与整体的关系，并注意空间感和层次感，要让包装结构和谐、统一。

（三）仿生要素

仿生要素是指对大自然中的动物、植物等的形态进行模拟和提炼而得到的结构要素。根据加工提炼的形态制作而成的包装外形,大多具有一定的趣味性。

(四)肌理要素

我们可以通过触觉来感受物品的柔软与坚硬、粗糙与光滑等。我们在购买商品时首先是看到商品,然后是触摸商品。我们可以通过感受物品表面的肌理变化来影响自身的内在感受,并且可以凭借经验将其转化为视觉和心理感知。在商品包装上通过对肌理要素的处理,可以增加视觉的对比度以及触觉的变化。肌理要素处理得当,可以使商品更具特色,但是如果处理不当,可能会使人有不舒适感。

(五)透空要素

透空法是指在完整的包装结构上进行穿透式切割,使包装形体呈现出孔或者洞的结构。通过这种方法得到的是一种富有空间感的包装结构。采用透空要素大致有两个原因:一是单纯地追求造型美;二是为了满足实用的需求。透空要素包装常常给人以明快的线条感。

(六)光影要素

光影要素常用于玻璃包装。设计师常在包装上做出一定的切面或小结构,这些切面或小结构在光的照射下可以产生不同的效果,使商品更具有立体感、空间感和神秘感,常常给消费者以奢华、高档的视觉感受。

四、包装结构与包装材料的关系

包装结构与包装材料有着密切的关系。一方面,包装结构可以提高、改善材料的韧性与强度。另一方面,特殊的包装材料本身的特点决定了包装的结构设计。从某种意义上来说,材料选择得恰当与否将会直接影响包装设计作品的成败。充分认识和发挥各种材料的特性,创造性地发现、选择和运用不同的材料去创作,是包装设计作品得以实现的一个重要环节。设计师对材料的选择应该建立在对一切材料的属性的研究和把握的基础上,设计师应根据不同的商品选择与之相对应的相关材料,以此为契机,构建人与周围世界的和谐关系。在现代包装设计中,从设计到材料、从材料到设计的思维方式为设计师提供了无限的可能。在材料和设计的融合中,设计师个人的情感和鲜明的风格往往烙印在材料上。一件好的包装设计作品是材料与设计的有机组合,是内容与形式的和谐统一,是物质与精神的完美结合。

第三节　纸材料包装设计

纸是由植物纤维经过打浆、抄造后形成的纤维交织材料。纸包装材料基本上可分为纸和纸板两大类。纸和纸板是按照定量和厚度来进行区分的。一般而言，定量在 200 g/m^2 以下、厚度在 0.1 mm 以下的为纸，定量在 200 g/m^2 以上、厚度在 0.1 mm 以上的为纸板。纸是目前应用得最多的一种包装材料，其成本低廉、容易成型、加工方便，并且适合印刷和大批量生产，在一定程度上可以回收再利用。

一、纸的特性

我国是世界上最早发明纸的国家。公元 105 年，蔡伦在东汉京师洛阳总结前人的经验，改进了造纸术，以树皮、麻头、破布、旧渔网等为原料造纸，大大提高了纸的质量和生产效率，扩大了纸的原料来源，降低了纸的成本，为纸取代竹帛开辟了广阔的前景，为文化的传播创造了有利条件。纸是在植物纤维中加入填料、胶料、色料等加工而成的一种物质。根据用处的不同，纸可以分为工业用纸、包装用纸、生活用纸、文化用纸等，其中，文化用纸又可以分为书写用纸、艺术绘画用纸、印刷用纸。印刷用纸根据纸的性能和特点可以分为新闻纸、凸版印刷纸、凹版印刷纸、胶版印刷涂料纸、字典纸、地图及海图纸、画报纸、白板纸、书面纸等。纸材料包装具有以下优点：原料来源广泛，容易大批量生产，生产成本低，可回收再利用；密度小，运输方便，使用方便；加工性能好，折叠性能优良，便于成型。很多美观、新潮的商品包装都是纸材料包装，它们因个性化的造型和精美的印刷受到消费者的喜爱。由于我国森林资源贫乏，所以应积极发展非木浆造纸，采用芦苇、甘蔗渣、棉秆、竹等原料造纸，这样可以扩大纸原料的来源。另外，可以通过开发新型纸浆增强剂来改进纸的结构，提高纸的强度，从而减小纸板厚度，达到减量的目的。这些技术上的改进为包装设计提供了巨大支持。由于纸具有自身特有的属性，如轻巧、易卷曲、易折叠、不易腐蚀、不导电、吸湿性强、加工方便、成本低等，造纸行业逐渐成为一个快速发展的行业。

二、纸的主要种类

(一)牛皮纸

牛皮纸通常呈黄褐色。半漂或全漂的牛皮纸浆呈淡褐色、奶油色或白色。牛皮纸的定量为 80～120 g/m^2。牛皮纸采用硫酸盐针叶木浆为原料，经打浆，在长网造纸机上抄造而成。牛皮纸具有较高的抗拉强度和较好的透气性。牛皮纸可用于信封纸、购物袋和食品袋等。

(二)硫酸纸

硫酸纸是由细小的植物纤维通过互相交织，在潮湿状态下经过游离打浆(不施胶、不加填料)、抄造，再以 72%的浓硫酸浸泡 2～3 秒，用清水洗涤后以甘油处理，干燥后形成的一种质地坚硬的薄膜型的物质。

硫酸纸质地坚硬、致密，稍微透明，具有强度高、不易变形、耐晒、耐高温、不透气、防水、防潮、防油、抗老化等特点，适用于食品包装和药品包装等。

(三)玻璃纸

玻璃纸是一种以棉浆、木浆等天然纤维为原料，用胶黏法制成的薄膜。玻璃纸表面平滑，透明度高，无毒无味，空气、油、细菌和水都不易透过玻璃纸，使得玻璃纸多用于药品包装、食品包装、化妆品包装等。

(四)蜡纸

蜡纸是表面涂蜡的加工纸，原纸多使用硫酸盐木浆抄造而成。根据涂蜡时吸收性的要求决定是否施胶，一般不加填料，可以在染色或在原纸上印刷后再涂蜡。蜡纸具有极好的防水性能和防油脂渗透性能，具有不易变质、不易受潮、无毒等优点。蜡纸主要用于各种不同的食品包装，如糖果纸、面包纸、饼干纸盒等。

(五)胶版纸

胶版纸旧称"道林纸"，是一种较高档的印刷纸，一般采用漂白针叶木化学浆和适量的竹浆制成。胶版纸分为单面胶版纸和双面胶版纸。胶版纸伸缩性小，平滑度高，质地致密，不透明，白度高，防水性能好，适合于彩色包装印刷。

(六)铜版纸

铜版原纸是用漂白化学木浆或配以部分漂白化学草浆在造纸机上抄造而成。以铜版原纸为纸基，将白色涂料、胶黏剂以及其他辅料在涂布机上进行均匀的涂布，并经过干燥和超级压光就可制成铜版纸。铜版纸具有纸面光滑平整、光泽度高等特点。铜版纸纸面有涂层，印刷时不易渗墨，多用于高级美术印刷品、广告、商标等多色套印。

（七）漂白纸

漂白纸由软木和硬木混合的硫酸盐木浆经漂白而制成，其特点是强度高、平滑度高、白度高。漂白纸多用于食品包装、标签纸等。

（八）白纸板

白纸板由面层、芯板、底层组成。生产白纸板时，面层和底层使用漂白浆，芯板使用机械浆、二次纤维、未漂浆或半漂浆。白纸板的定量为 200～400 g/m^2，白纸板具有不起毛、不掉粉、有韧性、折叠时不易断裂等优点。白纸板分为双面白纸板和单面白纸板，双面白纸板底层的原料与面层相同，双面白纸板一般用于高档商品包装，一般纸盒大多采用单面白纸板，如香烟、药品、食品、文具等商品的外包装盒一般采用单面白纸板。

（九）黄纸板

黄纸板又称为草纸板、马粪纸，是一种呈黄色、用途广泛的纸板。黄纸板主要由半化学浆和高得率化学浆在圆网造纸机上抄造而成。黄纸板主要用于制作低档的中小型纸盒、讲义夹、书籍封面的内衬、五金制品和一些价廉商品的包装。黄纸板用一层印刷精美的标签纸贴面后，也可用来包装服装和针织品等。

（十）瓦楞纸板

瓦楞纸板至少由一层瓦楞纸和一层箱板纸（也称为箱纸板）黏合而成，具有较好的弹性，主要用于制造纸箱、纸箱的夹心以及易碎商品的包装。用土法草浆和废纸经打浆，制成类似黄纸板的原纸板，原纸板经过机械加工被轧成瓦楞状，然后在其表面用硅酸钠等黏合剂将其与箱板纸黏合，即可得到瓦楞纸板。

瓦楞纸板的瓦楞波纹像一个个连接起来的拱形门，相互支撑，形成三角形结构体，具有较高的机械强度，在平面上能承受一定的压力，并具有较好的弹性。瓦楞纸板根据需要可制成各种形状和大小的衬垫和容器，受温度影响小，遮光性好，光照情况下不易变质，一般受湿度影响较小，但不宜在湿度较大的环境中长期使用，否则会影响其强度。

（十一）纸浆模塑制品

纸浆模塑是一种立体造纸技术，指以废纸为原料，添加防潮剂（硫酸铝）或防水剂，根据不同的用途制成各种形状的模塑制品。纸浆模塑制品是近些年发展起来的新型包装材料，是木材的优良替代品。纸浆模塑制品的制造工艺为：原料打浆—配料—模压成型—烘干—定型。纸浆模塑制品具有良好的缓冲保护性能，所以多用作鸡蛋、水果、精密仪器、玻璃制品、陶瓷制品、工艺品等的包装衬垫。

(十二)蜂窝纸板

蜂窝纸板是根据自然界中蜂巢的结构原理制成的，它是把瓦楞原纸用胶黏结方法连接成多个空心的立体正六边形，形成一个整体的受力件——纸芯，并在其两面黏合面纸而成的一种新型的环保节能材料。蜂窝纸板包装箱是理想的运输包装。由于蜂窝纸板的结构，蜂窝纸板包装箱可降低商品在运输过程中的破损率。

三、纸材料造型设计

在进行纸材料造型设计时，不可以盲目地追求外形好看，首先要对商品有一定的了解，然后确定这种商品适合什么结构的包装，不同的商品储存与开启的方式不一样，包装结构也会有很大的区别，只有进行科学的定位之后，才可以进行设计。纸容器主要有三个部分，分别为盖、体、底。这三个部分的结构和形式发生变化，就可以得到不同的包装结构。下面介绍几种常见的纸材料包装结构。

(一)天地盖式

天地盖式包装一般由盒盖与盒身两个部分构成，采用套扣的形式进行闭合。盒子一般使用硬质纸板制作而成，盒体结实、牢固，有一定的保护性，给人以稳重、高档的感觉。这种包装结构常用于礼品包装或奢华品牌商品包装。

(二)手提式

手提式包装一般用于较大或较重的商品，目的是方便消费者购买后携带。一般是在包装上设计一个可供人手提拉的把手，手提部分可以利用盖与侧面的延长部分相互锁扣而成，也可以用附加的方法来制作。把手的形状不固定，但是一般都可以折叠，以节约空间。这种包装结构常用于玻璃器皿包装、食品包装和家电包装。

(三)开窗式

开窗式包装，是指在包装的展示面上开一个可以展示内部商品的窗口，在窗口部分通常使用透明的塑料薄膜对包装内的商品进行密封保护，使消费者可以直观地看见包装里面的商品，从而满足消费者的好奇心。因为消费者可以直观地看见实物，可以放心地购买商品。这种包装结构常见于食品包装和玩具包装。

（四）摇盖式

摇盖式包装是一种广泛使用的包装结构，其盖体与盒体连接在一起。通常是在一张纸板上完成裁切，压痕后弯折成形，造型简单，成本低廉，使用方便，样式丰富。这种包装结构常见于药品包装、点心包装等。

（五）抽屉式

抽屉式包装也称为抽拉式包装，由套盖与盒体组成，因形状结构像我们在生活中所用的抽屉而得名。套盖有两头开口和一头开口两种，而盒体一般是敞开式的，也有封闭式的，封闭式的不多见。这种包装结构方便多次取用，常见于火柴、糕点、工艺品等的包装。

（六）吊挂式

为了方便商品的陈列与展示，可以在盒体上增加一个可以悬挂的附件，这种包装称为吊挂式包装。吊挂式包装可以增加商品在展示中的趣味性，一般用于较轻的商品，如休闲食品、日用品等。

（七）封闭式

封闭式包装，顾名思义，就是将整个包装全部密封起来，防止包装内的商品洒出，在一定程度上可以保护包装内商品的完整性。主要的开启方法是沿着开启线撕拉开启，或者以吸管深入小孔吸取。这种包装结构常见于饮品包装、食品包装与药品包装。

（八）模拟式

模拟式包装结构是指模仿我们生活中或大自然中的物品形状而得到的包装结构，外形写实，很容易让消费者产生联想，常用于化妆品包装与食品包装。

（九）陈列式

陈列式包装又称为 POP 式包装，特点是包装本身具有展示性，可以将内部商品较好地展示给消费者，包装形式多样，结构变化丰富，在商品的销售中容易吸引消费者的眼球，有良好的促销效果。

（十）姐妹式

姐妹式包装又称为连体式包装，是由一张纸折叠而成的两个或两个以上单元相连接的包装，共用盒底与盒盖，有多个容纳商品的空间，一般用于同品牌不同商品的组合包装，以及同商品不同口味的食品包装。

（十一）书本式

书本式包装是摇盖式包装的延伸，因其外形和开启方式与书本相似而得名。这种包装结构常见于巧克力包装。

四、纸在包装结构设计中的运用

纸容易大批量生产，成本较低，可回收制造再生纸，并且具有运输方便、使用方便、折叠性能优良、容易成型等优点，同时还可以与塑料薄膜、铝箔等其他材料制作复合材料包装，因此，纸在包装材料中占据着重要的位置。纸可以做成纸袋、纸盒等。纸袋不仅可以用于工艺包装，也可以用作购物袋。纸盒的外形结构是固定不变的，坚实牢固，可以直接用作商品的包装。包装材料和包装结构有着密切的关系，包装结构可以提高、改善材料的韧性与强度，同时特殊的材料决定了包装结构的设计。随着加工技术的不断成熟，纸容器的形式和结构也越来越丰富。同样的纸质材料，改变其组合、开启、展示等方式，可以给消费者带来不同的视觉感受。

五、纸包装制品的分类

按一般的功能和用途，纸包装制品可分为纸容器、瓦楞纸箱、纸盒、纸袋、纸罐、纸筒、蜂窝纸板制品、纸杯、纸碗等。其中，瓦楞纸箱是最主要的产品运输包装形式，纸盒则广泛用于食品、医药、电子等行业的各种产品的销售包装。这两种包装形式在日常生活中最常见，在纸包装制品中所占比例最高。有关瓦楞纸箱与纸盒的分类情况介绍如下。

（一）瓦楞纸箱

瓦楞纸箱一般是按照瓦楞纸板的楞型来区分的，而在生产和制造瓦楞纸箱时，一般按纸箱的箱型来进行区分。瓦楞纸箱在国际上普遍采用由欧洲瓦楞纸箱制造商联合会和瑞士纸板协会联合制定的国际瓦楞纸箱箱型标准。按照国际瓦楞纸箱箱型标准，瓦楞纸箱可分为基础型和组合型两大类。

随着流通渠道和市场销售形式的变化，出现了一批结构新颖的非标准瓦楞纸箱，伴随着每一种新结构的诞生，几乎都有一套与之相对应的全自动包装系统或包装设备问世，极大地丰富了纸箱的应用市场。这些新型的非标准瓦楞纸箱主要包括包卷式纸箱、分离式纸箱、三角柱型纸箱和大型纸箱等。与标准瓦楞纸箱相比，包卷式纸箱的特点是用材较少，纸箱与内装物紧紧相贴，可以实现高速自动化。分离式纸箱在流通过程中可以一分为二或更多，可以解决大批量生产和小批量销售之间的矛盾。三角柱型纸箱与一般的瓦楞纸箱相比，抗压强度更高，更坚固，跌落或振动时，内装物的破损率较低，施加负荷时，纸箱不易变形，不易引起堆垛坍塌，陈列性比较好。

（二）纸盒

与瓦楞纸箱相比，纸盒更为复杂多样。纸盒通常按照加工方式来进行区分，一般分为折叠纸盒和粘贴纸盒。

1. 折叠纸盒

折叠纸盒是应用最广泛、结构变化最多的一种销售包装。折叠纸盒又可以分为管式折叠纸盒、盘式折叠纸盒、管盘式折叠纸盒、非管非盘式折叠纸盒等。

（1）管式折叠纸盒

管式折叠纸盒最初的含义是指这类纸盒的盒盖所在的盒面是众多盒面中面积最小的。现在一般从成型特征上对其加以定义，指在纸盒成型过程中，盒盖和盒底都需要摇翼折叠组装固定或封口的纸盒。

不同的管式折叠纸盒主要根据盒盖和盒底的不同结构来划分。盒盖有以下几种：①插入式盒盖，具有再封作用，可用于包装家庭用品、玩具等；②锁口式盒盖，指主摇翼的锁头或锁头群插入相对摇翼的锁孔内，特点是封口比较牢固，但开启不太方便，类似的还有插锁式盒盖；③连续摇翼窝进式盒盖，采用的是一种特殊的锁口方式，可以通过折叠组成造型优美的图案，装饰性极强，可用于礼品包装，缺点是手工组装比较麻烦；④黏合封口式盒盖，是指将盒盖的四个摇翼互相黏合，这种盒盖的密封性较好，开启方便，应用较广；⑤封口式盒盖，特点是包装操作简单，节省纸板，并可设计出许多别具一格的纸盒造型，但只适合于小型轻量商品。

盒底也有许多种不同的结构。如果盒底的结构太复杂，就会影响自动包装机的效率，而手工包装又会耗费时间，因此，对于折叠纸盒来说，盒底的设计原则是既要保证强度，又要力求简单。常见的盒底主要有插口封底式、连续摇翼窝进式、锁底式、自动锁底式、间壁封底式、间壁自锁式等。

(2)盘式折叠纸盒

盘式折叠纸盒是由一张纸板以盒底为中心,四周纸板以直角或斜角折叠成主要盒形的,在角隅处通过锁、粘或其他方式封闭。如果需要,这种盒形的一个体板可以延伸组成盒盖。与管式折叠纸盒不同,这种纸盒在盒底上几乎无结构变化,主要的结构变化在盒体位置。盘式折叠纸盒主要用于包装鞋子、帽子、服装、食品等。

(3)管盘式折叠纸盒

管盘式折叠纸盒是在盒形的特征部位,用管式盒的旋转成型方法来构成盘式盒的部分盒体。由于管盘式折叠纸盒的特征是局部的,所以从严格意义上来说,管盘式折叠纸盒应该属于盘式折叠纸盒。

(4)非管非盘式折叠纸盒

非管非盘式折叠纸盒通常为间壁式多件包装,其结构比管式盒和盘式盒更复杂,生产工序和制造设备也相应增多。非管非盘式折叠纸盒具有两个特点:纸盒的主体结构有若干条裁切线,以裁切线为界的纸盒的两个局部结构,一个为内折叠,另一个为外折叠;纸盒的主体结构沿某条裁切线的左右端纸板相对水平运动一定距离,且在一定的位置上相互交错重叠。

2.粘贴纸盒

粘贴纸盒是用贴面材料将其基材纸板黏合裱贴而成的,成型后不能再折叠成平板状,只能以固定盒形运输和存储。与折叠纸盒相比,粘贴纸盒的生产成本较高,运输和存储费用也较高,而且生产速度较慢,因此,其发展速度和前景远不如折叠纸盒。不过,粘贴纸盒也有一些优点,如材料选择范围广、堆码强度高、展示功能强等。

此外,还有开窗纸盒和异型纸盒。

第四节　塑料包装设计

塑料是一种以高分子化合物如合成树脂、天然树脂等为主要材料,在一定的压力和温度下可塑制成型,并在常温下保持形状不变的材料。塑料在包装中的应用仅次于纸类。塑料包装包括薄膜、小型容器(筒、杯、罐、盘)、中空容器(瓶)、运输周转容器、发泡件等。

塑料具有防水、防潮、防油、透明、质轻等优点,而且加工简单、成本低廉、易成型。塑料也有缺点,例如不透气、不耐高温、难回收利用、容易给环境带来污染等。

一、塑料包装材料的分类

作为包装材料的塑料有很多种类,不同种类的塑料有不同的性能,有一些塑料制品中还含有一定的有害物质,所以在包装前一定要选好材料。以下对塑料包装材料做简单的介绍。

(一)聚酯

聚酯具有优良的耐磨性和尺寸稳定性,强度大,透明性好,无毒,防渗透,受温度影响小,耐弱酸和有机溶剂。聚酯常用于矿泉水瓶、碳酸饮料瓶等,不适合作为啤酒、葡萄酒的包装材料。

(二)高密度聚乙烯(HDPE)

高密度聚乙烯较耐各种腐蚀性溶液,常用于清洁用品、沐浴产品的包装。高密度聚乙烯包装大多不透明。

(三)聚氯乙烯(PVC)

聚氯乙烯的特点是质硬,晶状透明,但抗冲击性差;保香保味性好,对氧、水、油、醇的阻隔性优良,不易受酸、碱的腐蚀,易受较多化学物品的影响;长期暴露于紫外线中易发黄,过热(136℃)易分解,产生腐蚀性物质。聚氯乙烯用于食品包装时要求材料中单体(VC,对人体有害)含量低且稳定。聚氯乙烯废弃物焚烧会造成环境污染。

(四)聚丙烯(PP)

聚丙烯属于质轻的塑料,密度仅 0.9 g/cm^3,可以采用热成型、吹塑、注射等多种塑料加工工艺,但加工周期较长。其特点是价格低,片材不透明,但薄膜晶状透明,表面光亮;有弹性,有韧性,可承受反复弯曲;刚性好,可用于制作薄壁容器;熔点高,适合做可蒸煮食品的包装;耐油脂、强酸(硝酸除外)和碱;低温下脆性明显,耐冲击性降低。

(五)聚苯乙烯(PS)

聚苯乙烯价格便宜,应用广泛。其特点是表面光洁度高,透明度高;注射成型,收缩率小,变形小;冲击强度低,但经拉伸的薄膜有较高的冲击强度;熔点低(87℃),不宜作为热食品的包装;对水、气的阻隔性差;不耐高浓度化学品、有机溶剂等的腐蚀。

(六)聚碳酸酯(PC)

聚碳酸酯是玻璃材料的有力竞争者。其特点是成本较高,但加工性能良好,延展性好,尺寸稳定;无味,洁净,不污染食品,可用于肉类、牛奶、奶制品及其他食品的包装;耐稀酸、氧化剂、还原剂、油脂、盐类等,易受碱、有机化学物质的侵蚀。

(七)聚酰胺(PA)

聚酰胺俗称尼龙,生产成本较高。其特点是力学性能和热稳定性良好;低温柔韧性好,屈服强度高;对气体、气味、油的阻隔性好;易于热成型加工,可用于肉类、奶类等食品的包装,以及需要消毒处理的医药品的包装。

二、塑料包装的优点

塑料包装具有以下优点。

(一)质轻、力学性能良好

塑料的密度一般为 0.9～2.0 g/cm^3,只有钢密度的 1/8～1/4,铝或玻璃密度的 1/3～2/3。制成同样容积的包装,使用塑料材料将比使用玻璃材料、金属材料轻得多,这对长途运输来说,将起到节约运输费用、增加实际运输能力的作用。塑料包装材料在拉伸强度、刚性、冲击韧性、耐穿刺性等力学性能方面,某些强度指标比金属、玻璃包装材料稍微差一些,但比纸质材料要高得多。

(二)具有适宜的阻隔性和渗透性

选择合适的塑料包装材料可以制成阻隔性适宜的包装,如阻气包装、防潮包装、防水包装、保香包装等。对于某些蔬菜、水果,要求包装对气体和水分有一定的渗透性,以满足蔬菜、水果的呼吸作用,用塑料制作的保鲜包装能满足上述要求。

(三)化学稳定性好

塑料包装材料可以耐一般的酸、碱、盐,因此,塑料包装不易被内装物如食品中的酸性成分、油脂等,以及包装外部环境中的水、氧气、二氧化碳等腐蚀,这个优点是金属包装材料所不具有的。

(四)透明性良好

塑料包装材料具有良好的透明性,用它制成包装容器时,人们可以清楚地看清内装物，从而起到良好的展示、促销作用。

（五）无毒

大部分塑料包装材料是没有毒性的，可以放心地用于食品包装。

（六）加工性能和装饰性良好

塑料包装可以用注射、吸塑等方法成型，还能很容易染上美丽的颜色或印刷上装潢图案。塑料薄膜还可以很方便地在高速自动包装机上自动成型、灌装，且生产效率高。

三、塑料在包装方面的主要应用

（一）薄膜

薄膜分为单层薄膜、复合薄膜和薄片，这类材料做成的包装也称为软包装，主要用于包装食品、药品等。其中，单层薄膜的用处最大。薄膜经电晕处理、印刷、裁切、制袋、充填商品、封口等工序来完成商品包装，有的商品包装还需要在封口前抽成真空或充入氮气，以提高商品的贮存效果。厚度为 0.15～0.4 mm 的透明塑料薄片，可经热成型制成吸塑包装，用于包装药片、药丸、食品或其他小商品。

（二）容器

塑料瓶、塑料罐及软管等容器使用的材料以高/低密度聚乙烯和聚丙烯为主，也有用聚氯乙烯、聚酰胺、聚苯乙烯、聚酯、聚碳酸酯的。这类容器的容量可小至几毫升，大至几千升。气密性及抗冲击性良好，自重轻，运输方便，破损率低。

塑料杯、塑料盘、塑料盒等容器以高/低密度聚乙烯、聚丙烯及聚苯乙烯的发泡或不发泡片材，通过热成型或其他方法制成，主要用于包装食品。

（三）防震缓冲包装材料

防震缓冲包装材料主要是用聚苯乙烯、低密度聚乙烯和聚氯乙烯制成的泡沫塑料。在两层低密度聚乙烯薄膜之间充以气泡制成的薄膜称为气泡塑料薄膜或气垫薄膜，其密度为 0.008～0.03 g/cm^3，适用于包装食品、药品、化妆品和小型精密仪器。将聚苯乙烯或低密度聚乙烯在挤出机内通入加压且易于气化的气体，经挤出吹塑而成低发泡薄片，这种薄片称为泡沫纸，再用热成型的方法，可制成食品包装托盘、餐盘、蛋盒及快餐盒等。

(四)密封材料

密封材料包括密封剂和瓶盖衬、垫片等,是一类具有黏合性和密封性的液体稠状糊或弹性体,以聚氨酯等为主要成分,可用作桶、瓶、罐的封口材料。橡胶或无毒软聚氯乙烯片材,可用作瓶盖、罐盖的密封垫片。

(五)带状材料

带状材料包括打包带、撕裂膜、胶黏带、绳索等。塑料打包带是用聚丙烯、高密度聚乙烯或聚氯乙烯做带坯,经单轴拉伸取向、压花而成的宽 13～16 mm 的带,比铁皮或纸质打包带捆扎更方便、更结实。

四、塑料包装结构的分类

(一)箱式包装结构

塑料包装箱一般采用热塑性塑料加工而成。为了提高硬度而又不会过重,在箱壁处常加有加强筋。箱式包装结构还可以根据要求在内部加设隔断。箱式包装结构广泛用于食品包装、啤酒包装和五金商品包装。

(二)盘式包装结构

塑料盘式包装通常是采用压铸、压制或注射方法制作而成的,容量不大,但是有很好的展示性,便于摆放物品与销售商品。这种包装常用于不怕挤压、不易变形的小型商品,如小型零件等。

(三)中空包装结构

塑料中空容器是先经过注射或挤压得到型坯,再经过中空吹塑而成的。中空包装有多种样式与造型,如瓶式、内胆式、复合多层式等,常用于饮品、化妆品、生活用品等。

(四)桶式包装结构

桶式包装一般是通过注射吹塑、挤出吹塑或旋转模塑等方法制成的。具体形式分为密封式、开口式等。其优点是规格多、质量好、不易破损、耐用、防水。桶式包装常用于工业原料、油、水等。

(五)软管包装结构

塑料软管的管身一般是用挤出成型的方法制作的,而管口多用注射的方法来制作，然后将两部分连接在一起。软管包装常见于化妆品包装、食品包装和颜料包装。

（六）杯式、盒式包装结构

杯式包装一般是用注射、热压等方法制作的，多数情况下表面还会用复合型塑料薄膜密封，以免包装内的商品流失，常用于食品，如果冻、冰激凌等。

第五节　金属材料包装设计

金属包装因为其材质特性，比一般包装的抗压能力更强，且不易破损、不透气、防潮、防光，同时方便运输，款式多样，印刷精美。金属包装广泛应用于食品包装、药品包装、日用品包装、工业产品包装等。相比之下，用于食品包装的比例是最大的。

一、钢材在包装结构设计中的运用

钢材来源丰富，能耗和成本低，是一种重要的金属包装材料。包装用的钢材主要是低碳薄钢板，低碳薄钢板具有良好的塑性和延展性，制罐工艺性好，具有优良的综合防护性能。钢制包装材料的最大缺点是耐腐蚀性差，易锈，必须经过表面镀层和涂层后才能使用。按照表面镀层成分和用途的不同，钢制包装材料可以分为以下几种。

①运输包装用钢材，主要用于制造运输包装用大型容器，如集装箱、钢罐、钢桶等。②镀锌薄钢板，又称为白铁皮，是制罐材料之一，主要用于制造工业产品包装容器。③镀锡薄钢板，又称为马口铁，是制罐的主要材料之一，大量用于罐头工业。锡主要起防止腐蚀与生锈的作用。镀锡薄钢板将钢的强度、成型性与锡的耐腐蚀性结合于一种材料之中，具有耐腐蚀、无毒、强度高、延展性好等特性，且表面具有银白色光泽。镀锡薄钢板常常用于食品包装、药品包装等。④镀铬薄钢板，又称为无锡钢板，是制罐材料之一，可部分代替马口铁，主要用于制造饮料罐、饮料瓶等。

二、铝材在包装结构设计中的运用

铝材用于包装比马口铁要稍微晚一些，但是它的出现却使得金属包装材料产生了巨大的飞跃。铝材的主要特点是质量轻，无毒无味，可塑性好，延展性和冲拔性能优良，在大气中化学性质稳定，不易生锈，表面洁净，有光泽。铝的不足之处是在酸、碱、盐介质中不耐腐蚀，故表面需要采用涂料或镀层才能用作食品容器，铝材很少用在运输包装上。包装用铝材可以分为以下几种。

（一）铝板

铝板为纯铝或铝合金薄板，是制罐材料之一，可部分代替马口铁，主要用于制作饮料罐、药品管、牙膏管。近年来，大部分易拉罐都为铝制品。

（二）铝箔

铝箔是一种用金属铝直接压延成薄片的烫印材料，采用纯度在99.5%以上的电解铝板经过压延制成，厚度在0.2毫米以下。一般情况下，包装用铝箔都是和其他材料复合使用，作为阻隔层，提高阻隔性能。铝箔的烫印效果与纯银箔的烫印效果相似，故又称为假银箔。铝箔按厚度可分为厚箔、单零箔和双零箔。厚箔指厚度为0.1～0.2毫米的铝箔。单零箔指厚度为0.01～0.09毫米的铝箔。双零箔指厚度以mm为计量单位时小数点后有两个零的箔，即厚度为0.005～0.009毫米的铝箔。铝箔因其优良的特性，广泛用作食品、香烟、药品、家庭日用品等的包装材料。

（三）镀铝薄膜

镀铝薄膜底材主要是塑料膜和纸张，在其上镀上极薄的铝层。镀铝薄膜可作为铝箔的代替品，在包装行业有着独特的用途，广泛用于食品、饮料的软包装，与耐热塑料薄膜复合制成的容器可用于高温消毒食品的包装。

三、金属包装结构

（一）金属桶

金属桶是一种用金属板制成的容量较大的容器，常用桶型有小开口桶、中开口桶、提桶、全开口桶、闭口桶、缩颈桶等。

金属桶常用的金属材料是热轧薄钢板、冷轧薄钢板、冷轧镀锌薄钢板、铝板。

(二)金属罐

金属罐是一种用金属薄板制成的容量较小的容器,有密封和不密封两类。金属罐分为两片罐和三片罐。两片罐又称为易拉罐,常见于啤酒包装。三片罐是用马口铁制成的,罐体上部呈圆锥状,最上面是冕状罐盖。

金属罐常用的金属材料是铝合金薄板、镀锡薄钢板,金属罐常用于饮品包装。

(三)金属喷雾容器

金属喷雾容器是由能够承受一定内压力的不透气的金属壳体和阀门等组成的金属容器。

金属喷雾容器常用的金属材料是冷轧薄钢板、镀锡薄钢板、镀铬薄钢板、铝合金薄板,常用于杀虫剂、化妆品等的包装。

(四)金属软管

金属软管通常用作管状包装容器,是半流体、膏状产品的主要容器之一。

金属软管常用的金属材料是锡、铝和铅。金属软管常用于牙膏、颜料等产品的包装。

(五)金属箔

金属箔常用于两类包装结构:一类是以铝箔为主体经成型加工得到的成型容器或半成型容器,结构有盒型、浅盘型;另一类是袋式容器,又称为软性容器,是以纸、铝箔、塑料等材料制成的复合型袋式包装。金属箔常用于烟的内包装和巧克力包装等。

第六节　玻璃与陶瓷材料包装设计

玻璃包装与陶瓷包装是两种古老的包装方式。玻璃与陶瓷的相同之处是同属于硅酸盐类材料。它们材质相仿,具有稳定的化学性质。但是由于成型、烧制的方式不同,它们又有区别,玻璃是先成材后成型,而陶瓷是先成型后成材。

一、玻璃的特性和分类

玻璃是以石英砂、纯碱、石灰石等为主要原料,与某些辅助性材料经 1550～

1600℃高温熔融、成型并经急冷而成的固体。其主要成分是二氧化硅，属于硅酸盐类材料。玻璃之所以能被早期的人类制造出来，主要是因为它的基础材料在自然界中是非常容易获得的，如石灰石、纯碱。当这些材料高温熔融时，就形成了玻璃的液体状态，供随时铸模成型。在科学技术高速发展的今天，各种自然材料和人工材料日益丰富，玻璃正发挥着它独特的魅力。玻璃作为包装的主要材料之一，已拥有上千年的历史。玻璃具有坚硬、透明、气密性和装饰性良好、耐化学腐蚀、耐热、无污染等特性，因此，它是一种优良的包装材料。玻璃作为现代设计中一种重要的材料，已经成为人们生活和生产中不可缺少的一部分。

在新技术的推动下，人们对玻璃的利用似乎是无尽的。玻璃具有良好的保护性，不透气，能防止紫外线的照射，化学性质稳定，无毒，无异味，有一定的强度，能有效地保存内装物。玻璃的透明性好，易于造型，具有特殊的美感，有很强的适应性，可制成品种、规格多样的造型容器。用于生产玻璃的原料既丰富又便宜，且价格稳定，易于回收再利用、再生产，不易造成污染，是很好的环保材料。玻璃主要用来制作装酒、饮料、食品、药品、化学试剂、化妆品、文化用品的玻璃瓶、玻璃罐等。玻璃作为现代包装的主要材料之一，以其优良、独特的个性适应着现代包装各种新的要求。

二、玻璃在包装结构设计中的运用

玻璃神秘、优雅，令喜欢幻想的人们痴迷。玻璃可以让人们有丰富的想象空间。玻璃是最古老的人工材料之一，也可能是第一种被大规模应用的人工材料。玻璃容器根据瓶口的形状，可以分为广口瓶和狭口瓶。日常生活中的玻璃瓶包括食品用瓶、一般饮料用瓶、化妆品用瓶、药品用瓶、碳酸饮料用瓶等。食品用瓶一般为广口瓶，主要用来装咖啡、牛奶、酱菜、糖果等。一般饮料用瓶主要用来装一些没有压力的饮料，如果汁、牛奶等。

玻璃因具有不污染食物的特点而被广泛地用于食品及饮料的包装。在美国、德国和法国，大部分饮料和酒类都使用玻璃容器。

玻璃是光的载体，光是玻璃的韵律。光的透射、折射、反射将玻璃的材质美淋漓尽致地表现了。玻璃具有无气味、易成型等特征，晶莹剔透的质感加上各种各样的造型，无疑是高品质的象征。

比较高端的酒产品一般会选择透明的玻璃制品作为外包装，内外包装均选择玻璃制品，双层透明，光影折射，给人以十分精妙的产品感受。它以天然的透明性和无穷的色彩感、流动感,充分展现了玻璃的材质美。

三、陶瓷的特点

陶瓷是一种用陶土在专门的窑炉中高温烧制而成的物品。陶瓷是陶器和瓷器的总称。

陶的出现给当时人们的生活带来了极大的方便,也反映了当时经济生活的需求。它是古代艺术的凝聚物,充分体现了古代人的勤劳、智慧、情感和技巧。陶有着独特的审美特征,它朴实、粗放、简洁,一般带有浓厚的民间艺术气息。当然,陶也可以用来制成明快、精致、神奇、高贵的包装。

陶分为普陶、精陶、细陶。瓷分为高级釉瓷和普通釉瓷。高级釉瓷釉面质地坚硬,不透明,光洁,晶莹。普通釉瓷质地稍粗糙。陶瓷是一种历史悠久的包装材料,其造型与色彩自由多变,富有装饰性。陶瓷容器具有耐火、耐热、耐酸碱、不变形、坚固等优点,多用于酒、盐、酱菜、调料等传统食品的包装。

四、陶瓷的种类

常见的陶瓷材料有黏土、氧化铝、高岭土等。黏土具有韧性,常温遇水可塑,微干可雕,全干可磨。陶瓷材料一般硬度较高,但可塑性较差。陶瓷器物具有古朴、典雅的特征。

陶瓷按原料和烧制工艺可分为精陶器、粗陶器、瓷器、特种陶瓷。

精陶器又分为硬质精陶器和普通精陶器。精陶器比粗陶器精细,气孔率和吸水率均小于粗陶器。精陶器常用作坛、罐和瓶。

粗陶器表面较粗糙,不透明,有较大的吸水率和较好的透气性,主要用作缸。

瓷器的质地比陶器致密、均匀,呈白色,表面光滑,吸水率小。极薄的瓷器还具有半透明的特性。瓷器主要用作家用器皿和包装容器。除此之外,瓷器还经常用作装饰品。

五、陶在包装结构设计中的运用

陶自古以来就是中华民族的骄傲,其凭借特殊的材质、性能和深厚的文化底蕴,成为一种非常重要的包装材料。

六、瓷在包装结构设计中的运用

瓷器一般比陶器更坚硬，常见的器型有碗、盏、盘、罐、钵、盆、壶等。瓷具有较高的耐压强度，熔点较高，易于延展和弯曲，并可以长久地保持其物理特性。瓷既可以抛光出非常漂亮、光滑的表面，也可以制作出有肌理效果的表面。

七、创意性包装结构

以玻璃与陶瓷为材料，可以设计出各种类型的包装，如线条类、仿生类、多材料融合类等。

第四章
现代创意包装设计的应用实践

第一节　现代创意包装设计的定位及整体策略

一、包装设计的定位

定位，英文为“position”，1969 年美国著名营销专家艾里斯和杰克·特劳特提出的理论，即“把商品定位在未来潜在顾客心中”。通过对市场调查获得各种有关商品信息后，反复推销，在正确把握消费者对商品与包装需求的基础上，确定设计的信息表现与形象表现的一种设计策略。“定位设计”是商品竞争的产物。设计就是要研究如何突破竞争对手们已有的包装。如果别人的产品包装突出产地，产地就是它的优势因素，那么自己就要突出产品其他方面的优势，特别是竞争对手所不具备的特点。这是工作的着重点、选择定位的设计方法。设计定位强调设计的针对性、目的性及功利性，确立设计的主要内容与方向。其准确与否将直接影响到包装设计与商品开发的成败。所以，在包装设计前期制定有效的定位是非常必要的。包装设计的定位可以从以下几个方面了解。

(一)产品定位

“产品定位”，要解决的是“卖什么”的问题。“产品定位”所涉及的产品利益、大小、价格、性别属性、包装、颜色、名称、服务、通路、口味、用途、生活形态、效用、独特性、使用者以及各种竞争产品之间的关系，以及产品生命周期的策略点等都是可以单独加以定位并展开的。产品定位最为基础的就是确定产品的类型和所属行业的特征，即在设计中强调的是何种产品，使消费者迅速地识别产品的属性、特点、用途、用法、档次等。产品定位就是要消费者十分明确的而不是模棱两可的信息，有时产品之间的区别很小，设计时更应该精心构思。产品定位具体可以分为产品特色定位、产品产地定位、产品档次定位、产品使用时间定位、产品用途定位等。

1. 产品特色定位

主要突出产品与众不同的特色。由于产品的原材料、生产工艺、使用功能、造型、色彩等特色，以产品所具有的特色来创造一个独特的推销理由，把与同类产品相比较而得出的差别作为设计的突出点，这个差别就是产品的特色。

2. 产品产地定位

突出有特色的产地，以表示产品的特质与正宗，强调原材料由于产地不同而产生的品质差异，突出产地也就成为一种品质的保证。旅游纪念品、土特产品、酒类商品的包装设计比较容易出现体现产地的定位方法。比如，东北的山货、烟台的海货、比利时的巧克力等，用带有产地风景的图形作为背景，突出产品的特质和正宗。

3. 产品档次定位

不同的品牌常在消费者心目中按价值高低区分为不同的档次。品牌的价值是产品质量消费者的心理感受及各种社会因素如价值观、文化传统等的综合反映。定位于高档次的品牌传达了产品（服务）高品质的信息，同时也体现了消费者对它的认同。档次具备了实物之外的价值，如给消费者带来自尊和优越感。高档次品牌往往通过高价位来体现其价值。根据不同的营销策略和用途，制定设计定位，因此在包装设计时，应该准确地体现出产品的档次，做到表里如一。确切地说明产品的身份，与产品的身份符合，系列包装也针对档次差异设计出不同的包装，风格统一，但还是能分辨出产品的档次。

4. 产品使用时间定位

同一类产品于不同时间使用的品种特点，也是定位设计应考虑的内容，特殊商品的需求决定了产品的使用时间定位，比如特殊纪念日、奥运会专用的饮料包装及纪念品包装等，化妆品中根据使用时间分为早、晚、春、夏等不同时间，根据特定时间来进行商品的包装定位。

2014 年 FIFA 巴西世界杯官方指定啤酒，百威啤酒——在世界杯期间推出了金色铝瓶包装的限量版啤酒，伴随一系列的营销活动，积极地参与到这项世界上最盛大、最令人激情焕发的体育盛事中。

2014 年 FIFA 巴西世界杯开赛在即，而在这之前，作为世界杯的合作伙伴，可口可乐（Coca Cola）为 2014 巴西世界杯推出了共计 18 款 Mini 尺寸世界杯纪念款包装，再度点燃世界杯激情。

5. 产品用途定位

产品特定用途的定位设计是推销产品的巧妙手段，明确产品的用途，突出产品的用途，是包装设计中最为直观的一种定位方法，但是需要针对不同的专门化用途的定位去拓展消费者购买商品时的消费心理。

（二）消费者定位

商品的主要销售对象是谁？是青少年？是妇女？是肯定对象还是潜在对象？是整个家庭？考虑在产品消费对象已固定的基础上，是否要使这部分消费者感到新产品与市场现存的同类产品有所不同？在有关产品的定位中，设计者要充分了解目标消费群体的喜好和消费习惯，使其具有针对性，使消费者能透过包装产生对商品的亲切感。抓住消费者的心理和情感因素。消费者定位中还可以细分为社会层次定位、生理特征定位、心理因素定位。社会层次定位可以从消费者的社会从业状况来考虑定位，如性别、年龄、民族和文化背景等；生理特征定位可根据消费者不同年龄、性别等生理条件差异，成为包装定位条件之一；心理因素定位从不同阶层的人的心理因素、生活方式来考虑消费者定位的包装设计。通过商标、产品、色彩、图形，满足不同消费者的兴趣和心理的需求。从包装表现上看，消费者显而易见为儿童及儿童家长，表现直白并具有趣味性，使儿童在同类产品中有所记忆。

（三）品牌定位

“品牌”是当今营销领域和设计领域强调最多的一个词语，品牌与消费者的种种憧憬和渴望相联系，品牌是成为一个公司得以在消费者心目中拥有独特地位的重要手段。品牌定位是以产品或产品群为基础，透过产品定位实现的。品牌一旦定位成功，作为一种无形资产就会与产品脱离而单独显示其价值。从实践上看，品牌应该是一个营销学上的概念，这种概念是消费者长期使用该商品而获得的，它的内涵极其深远、广泛。我们一旦触及某种品牌，自然而然都会产生一系列的联想，如它的标志、应用文字、色彩、产品形象、包装、广告，甚至服务等有所关联者。它所代表的产品不是普通的产品，它能够提升产品在消费者心目中的“无形价值”。那么，商品包装设计的使命随着经济社会的发展，发生了重大的改变，从单一的实用功能延展到诸多的营销层面的功能。对商家来说，包装设计是宣传品牌、提高产品竞争力、强化产品特征、树立企业品牌形象的一个良好的载体。

在品牌知名度较高的商品中使用品牌定位是非常有效的。首先要明确告知消费者“5W”，即 Who（谁在传播信息）、What（传播了什么信息）、Which（通过什么渠道和方式传播信息）、Whom（对谁传播信息）、How（信息如何产生效用）。在包装形象上，突出品牌的视觉形象、商标、品牌字体等，比如可口可乐的红色与百事可乐的蓝色。麦当劳的“麦当劳大叔”与肯德基的“山德士上校”等。总之,品牌定位表现的是商品的品牌,突出的是品牌形象和品牌的意识。

包装是产品推广的最后一个环节,有专家学者把包装称为继传统的营销组合4P(产品、价格、渠道、促销)之后的第五个 P(packing)。在市场营销实践中,企业利用包装把成千上万的商品装扮得五彩缤纷、魅力无穷。著名的杜邦定律表示63%的消费者是根据商品的包装和装潢做出购买决策的。到超级市场购买的家庭主妇,被精美的包装和装潢吸引进行购买通常超过她们出门时的计划数量的45%。由此可见,包装是商品的门面和衣着,它作为商品的“第一印象”进入消费者的眼帘,撞击着消费者购买与否的心理天平。如香奈儿化妆品包装塑造了女性高贵、精美、优雅的形象,经典的黑白颜色,简练中见华丽。

那么,包装设计与品牌有什么样的关系呢?

包装是品牌行销的视觉载体,包装设计是一项综合的系统工作,将品牌商标、文字信息、图案、色彩、造型、材料等多种要素根据不同的目的有机地组合在一起,在考虑商品特性的基础上,遵循品牌设计的基本原则,将品牌的视觉符号最大限度地融入包装设计中,形成独有的品牌个性。包装同时也是品牌的品质体现,包装设计的优劣,直接影响消费者对产品品质的判断,对所属品牌产生连带效应,认为品牌的价值等同于产品品质。以奢侈品牌的产品为例:CD 香水、化妆品,此类产品特别要求具有独特的个性,无论从包装造型、材质、色彩、工艺上都需要具有特殊的气质和高贵感。以营造神秘的魅力和不可思议的气氛,显示出令人神往的浪漫情调。只有这样的视觉及心理的感受,才能给消费者以一种高档品牌、高品质产品、高附加值的享受。另外,包装是品牌的传播渠道,承载着诸多品牌信息的产品包装,摆放在商场超市的货架上,就是一个个无声的广告,每一个购物的消费者就是它的受众,在琳琅满目的产品中,品牌依附着产品包装被认知和购买,随着产品的质量、口味被逐渐接受和喜爱,品牌也就深深植入消费者的心理。

品牌由文化背景、广告宣传、色彩、造型等因素决定,在经济生活中扮演着重要的角色,它既是产品,又是反映社会的一面镜子,是一种强有力的武器。所以品牌不仅仅是一件产品或一项服务,代表着多种多样的生活价值取向。

一件商品的个性是多种因素的混合体——名称、包装、价格、广告风格、产品的品牌特征,以及赋予商品的一种高质量的形象和信誉度。人们在选择品牌产品时,有时就是选择它的形象,在这种形象的背后,人们寻觅着的是商品的附加价值。品牌商品可以赋予消费者以身份、性格、个性,能给消费者带来生活上和精神上的享受。在国际市场中,商品的竞争越来越表现为品牌与品牌之间的竞争,企业和设计者最终表达的宗旨即是品牌的文化。商品包装的视觉表现应该做到使人们一看到这种牌子就想到它的质量、价格，甚至售后服务。因此，了解品牌文化是商品包装各种竞争力中必不可少的前期准备。

当一个品牌有了明确的社会群体定位后，品牌形象塑造就到了具体实施阶段，即平面的视觉塑造，主要通过标志、包装、广告或其他宣传媒介来完成。以人人皆知的可口可乐为例，其英文写作“Coca Cola”，Coca 原是古柯科热带灌木，叶子是提取可卡因的原料，有了一个绝佳的译名后，它相当生动地揭示出这种饮品给人带来的清爽感、愉悦感——既“可口”亦“可乐”，这一译名本身就足以“吊”起消费者的“胃口”，确有一种“挡不住的感觉”。可口可乐一向视品牌为最重要的资产，而包装策略则是品牌最外在的表现。可口可乐的品质百年不变，但几乎每隔几年就对自身的品牌形象进行一次细节上的调整和更换，以适应不断变化的市场。可口可乐认为，一个有效的包装策略应该兼顾独创性，并以满足消费者的需求为导向。从以往的包装可以看到有多重材质，多种容量的策略，结合广告或公关事件策略，结合本土化运营策略，围绕促销策略等进行包装设计。

品牌的包装设计不是一成不变或绝对统一的。在统一中求变化，在渐变中有创新。“可口可乐”的包装形象的视觉设计，是随着时代变化不断增加新内容、新形象和新的视觉元素的，如“申奥成功”的标志图形或世界冠军刘翔的形象，都是在不同时期出现在包装上的新形象，真可谓“与时俱进”。总体上虽然保持“可口可乐”的主色基调以及主要图形和文字，但局部的变化使人始终有一种新鲜感，能满足求新、求变的消费心理需求。

百事可乐几款限量版的包装，其中有配合百事的主题活动的，有和其他潮流品牌联手合作推出的限量版。限量版的包装，无疑是市场营销的一种形式，是提升品牌价值与消费者互动的一种有效手段。

可见，良好的包装可以有效地传达品牌信息。它以其有形的、独特的方式传递品牌的各种信息。主要包括基于产品物理、物质形态情况的有形信息，通过包装文字、色彩、图案等形成的品牌精神文化的无形信息。从品牌的战略角度看，商品包装正是品牌视觉识别应用的一个重要内容，具有广泛的影响力。企业应通过包装的现代设计观念，结合品牌的经营理念进行整体创意，树立品牌的个性化，突出品牌文化。通过良好的商品形象树立企业的品牌形象，是产品包装的重要任务。因此，商品包装的识别设计要准确地表现商品特色以及市场定位，还要服从于品牌视觉识别系统，注重品牌视觉识别要素在包装上的延展与应用。通过商品包装准确地传播品牌信息，使消费者在认同商品形象的同时，也在不知不觉中认同了品牌形象。品牌的"内涵"与"外部识别"在包装形象的视觉设计中，表现出形式与品牌的整体印象保持一致，而品牌形象与其包装外观设计也是相得益彰的。

（四）综合定位

在以上三种基本的设计定位基础上，还有价值定位、服务定位、概念定位、情感定位、文化定位等定位方法，随着经济的发展和商业经济的不断变革，还可依据产品与市场的具体情况进行各种不同的定位。同时，也可以在设计主题中同时包含多方面的内容。例如，产品与品牌、产品与消费者、品牌与消费者等。经过组合的设计定位，把握好互相间的有机联系，其中仍然需要有相应的表现重点，避免互相冲突。不管采用什么样的设计定位，关键在于确立表现的重点。没有重点，等于没有内容；重点过多，等于没有重点，两者都失去设计定位的意义。

总之，包装设计的定位是品牌与消费者沟通的策略性指导原则，没有明确的定位，任何设计都是没有目的的，应根据不同产品具体分析，具体对待，适当运用，准确表现。

二、包装设计整体策略

包装设计是针对特定的市场和特定的消费群体，进行营销策划的最重要环节之一。包装设计的优劣直接关系到商品在市场流通中的价值，设计是为消费服务的，同时也创造着消费，引领着生活。最初的包装主要是为了方便顾客携带，几乎没有策略和设计。随着市场经济的发展，人们开始认识到，商品包装作为一种视觉信息传达工具，绝不是一种可有可无的东西，而是商品的脸面。包装设计赋予包装更多的内涵，不仅赋予了商品独特的个性，而且为商品建立了完美的视觉形象。它既是企业用来促销商品的最佳手段之一，也是企业形象的延伸和象征。当下包装已经成为商品生产厂家和经销商的一种最直接的竞争手段，是消费者判断商品质量优劣的先决条件。随着当前市场经济的繁荣，商品包装的必要性和重要性日渐突显。只有精美的商品包装和优质的商品，才能受到广大消费者的关注和青睐，才能在激烈的市场竞争中稳操胜券。

在如今已经饱和的市场中，商品的销售面临前所未有的巨大困难。同样的产品，同样精美的包装，市场上比比皆是，消费者有了很大的选择余地，消费者与生产者之间角色的转换也在悄然发生，市场也由卖方市场转变为买方市场。生产力的提升使人们不再关注企业能生产什么，而是消费者需要什么，尤其是在个性化的需求呈日益增长的趋势下，对人的关怀提到了首要的位置，这就需要运用正确的、创新的思维方法，巧妙地运用设计策略。

指导包装设计策略的思维方法常用的有发散思维方法、逆向思维方法、形象思维方法等。①发散思维方法。发散性思维，对思维需要有流畅度（指发散的量）、变通度（指发散的灵活性）和独创度（指发散的新奇成分）的三个维度，而这些特性是创新思维的重要内容。如在商品包装设计中如何将商品销售给潜在消费者，如何设置思维的广度和宽度，产生更多、更新的设计方案，设想和解决问题的方法。②逆向思维方法。认为事物都包括对立的两个方面，这两个方面又相互依存于一个统一体中。人们在认识事物的过程中，实际上是同时与其正反两个方面打交道，只不过由于日常生活中人们往往养成一种习惯性思维方式，即只看其中的一方面，而忽视另一方面。如果逆转一下正常的思路，从反面想问题，便能得出一些创新性的设想。循规蹈矩的思维和按传统方式解决问题虽然简单，但容易使思路僵化、刻板，摆脱不掉习惯的束缚，得到的往往是一些司空见惯的答案。其实，任何事物都具有多方面属性。由于受过去经验的影响，人们容易看到熟悉的一面，而对另一面却视而不见。逆向思维能克服这一障碍，往往是出人意料，给人以耳目一新的感觉。比如，需要改变传统的"对固定答案的依赖"等。③形象思维方法。形象思维就是依据生活中的各种现象加以选择、分析、综合，然后加以艺术塑造的思维方式。它也可以被归纳为与传统形式逻辑有别的非逻辑思维。严格地说，联想只完成了从一类表象过渡到另一类表象，它本身并不包含对表象进行加工制作的处理过程，而只有当联想导致创新性的形象活动时，才会产生创新性的成果。实际上，联想与形象的界限是不好划分的，有人认为可以把形象看成一种更积极、更活跃、更主动的联想。形象思维的特点是不同类型的形象，其具体物质特征可能不尽相同。比如，我们靠色彩、图形、文字等形象来判断或分辨不同的包装设计和品牌，都离不开形象思维。形象思维来自感性认识，但又高于感性认识，是一种感性的理性认识。在设计过程中，充分利用联想思维能使设计的思路更加开阔、畅通。

思维是一个动态的概念，就包装设计的策略而言，不同时代、不同的经济文化因素都赋予了包装设计以不同的使命。有了思维方法的指导，对制定包装策略是非常有帮助的。

（一）差异性包装策略

一个产品在顾客中的定位有三个层次：一是核心价值，它是指产品之所以存在的理由，主要由产品的基本功能构成，如手表是用来计时的，羽绒服是用来保暖的；二是有形价值，包括与产品有关的品牌、包装、样式、质量及性能，是实际产品的重要组成部分;三是增加价值,其中包括与产品间接相关或厂家有意添加的性能和服务,如免费发货、分期付款、安装、售后服务等,这些都构成了差异化策略的理论基础。在此基础上,为研究问题的方便,一般把从包装创意角度出发的策略可以分为四大方面差异化策略:产品性能上的差异化策略、产品销售的差异化策略、产品外形差异化策略、价格差异化策略。

1.产品性能上的差异化策略

产品性能上的差异化策略,也就是找出同类产品所不具有的独特性作为创意设计重点。对产品功能及性能的研究是品牌走向市场、走向消费者的第一前提。例如,有些同类产品质量相当,各自的表达方式也很接近,如何突出与众不同的特点,在设计时就不能放过任何微小的特点。在洗衣粉众多品牌中有汰渍、立白、雕牌等品牌,立白和雕牌在包装色彩上都采用绿色或蓝色与白色搭配,以突出其洁净、超白的品牌设想,而其中的汰渍洗衣粉则采用了橙红色系列以突出产品的活力性、高效性。由于大量洗衣粉包装采用冷色调,这样做就在色彩上形成了强烈对比。

2.产品销售的差异化策略

产品销售的差异化策略主要是指找寻产品在销售对象、销售目标、销售方式等方面的差异性。产品主要是针对哪些层次的消费群体,也就是社会阶层定位,消费对象是男人还是女人,是青年、儿童还是老人,以及不同的文化、不同的社会地位、不同的生活习惯、不同的心理需求,产品的销售区域、销售范围、销售方式等都影响和制约着包装设计的方方面面。儿童用品主要的消费群体是儿童,但购买对象除了目标消费群体的儿童以外最主要的购买群体是他们的父母和长辈,因此在包装设计的时候,除了在图形、色彩、文字、编排上考虑儿童的喜好外,还要考虑其父母和长辈的心理。因此,有些商品在包装上印一些富有知识或有趣的小故事,虽然这些内容和产品并不是很相干,但确切抓住了父母们关注孩子智力发展的心理。从销售方式上看,一是它的销售渠道,二是它的销售方式,不同的产品在不同的时期、不同的环境、不同的季节等都会采用不同的销售方式和目标。

3.产品外形差异化策略

产品外形差异化策略就是寻找产品在包装外观造型、包装结构设计等方面的差异性,从而突出自身产品的特色。例如,纸盒的包装结构设计多至上百种,如何选用何种结构来突出产品的特色以及强烈的视觉冲击力,是选用三角形为基本平面,还是选用四角形或五角形,或者梯形、圆柱形、弧形或异形等为基本平面。

4.价格差异化策略

价格是商品买卖双方关注的焦点,也是影响产品销售的一个重要因素。日本学者仁科贞文认为:“一般人难以正确评价商品的质量时,常常把价格高低当作评价质量优劣的尺度。在这种情况下确定价格会决定品牌的档次,也影响到对其他特性的评价。”价格定位的目的是为了促销、增加利润,因为不同的阶层有不同的消费水平,任何一个价位都拥有相关的消费群体。

评价包装设计成败的最重要标准之一,即能否激发消费者的购买欲望。寻找包装设计的差异化策略是对消费者视觉和心理的最有力的突破点之一,消费者的认可与购买是对商品包装设计的最大嘉奖。要想达到这一目标,需要设计者充分考虑商业、工业、艺术、心理等各方面因素,并且本着“实践—设计—再实践—再设计”的原则,从实际出发,使包装设计得到越来越多的消费者的接受与认可。设计者必须认识到,包装设计不是纯粹艺术的东西,而是文、理、工、商等多学科的整合体。为了设计出消费者所普遍接受与认可的商品包装,设计者必须学习艺术设计学、市场学、销售学、经济学、消费心理学、结构材料学、人机工程学、物理学、印刷工艺学等相关知识,拓展、优化自身知识结构。

随着经济的不断发展,任何一种畅销的产品都会迅速导致大量企业蜂拥于同一市场,产品之间的可识别的差异变得越来越模糊,产品使用价值的差别化越发显得微不足道,如果这时企业还一味强调产品的自身特点,强调细微的产品差异性,这样消费者是不认可的。差异化策略是一个动态的过程,任何差异都不是一成不变的,随着社会经济和科学技术的发展,顾客的需要也会随之发生变化,昨天的差异化会变成今天的一般化。例如,人们以前对手表的选择,走时准确被视为第一标准,而如今在石英技术应用之后,“准”已不成为问题,于是人们又把目光集中在款式上。其次,竞争对手也是在变化的,尤其是在一些价格、广告、售后服务、包装等方面,是很容易被那些实施跟进策略的企业模仿。任何差异都不会永久保持,要想使本企业的差异化战略成为长效,出路只有不断创新,用创新去适应顾客需要的变化,用创新去战胜对手的跟进。

(二)系列化包装策略

系列化包装策略是指企业生产的品质接近、用途相似的系列产品,在包装上都采用相同的图案、相近的颜色,以体现企业产品共同的特色。这种包装策略可使消费者一看便认识是哪个企业的产品,能把产品与企业形象紧密联系在一起,大大节约设计和印刷成本,树立企业形象,提高企业声誉,有利于各种产品,特别是新产品的推销。系列性包装是一个企业或一个商标、牌名的不同种类的产品,用一种共性特征来统一地设计,可用特殊的包装造型特点、形体、色调、图案、标识等统一设计,形成一种统一的视觉形象。这种设计的好处在于:既有多样的变化美，又有统一的整体美；上架陈列效果强烈；容易识别和记忆；并能缩短设计周期，便于商品新品种发展设计，方便制版印刷；增强广告宣传的效果，强化消费者的印象，扩大影响，树立名牌产品形象。商品包装设计从单体设计走向系列化设计，是产品发展的需要，也是消费与市场竞争的需要。系列化设计的主要对象是同一品牌下的系列产品、成套产品和内容互相有关联的组合。它的基本特征是采用一种统一而又有变化的规范化包装设计形式，从而使不同品种的产品形成一个具有统一形式特征的群体，达到提高商品形象的视觉冲击力和记忆力的目的，强化视觉识别效果。统一的形象特征是形成系列化设计的基本条件，但是形象特征过于统一往往无法区分不同商品之间的差别。因此，系列化设计在统一形象特征的基础上，通过局部形象的变化来达到区分不同商品的目的。常用的处理方法有两种：一种是产品包装的材料、造型、体量变化不一。在这种情况下，图形、色彩、文字、编排等形式要侧重于形象特征的共性设计，强调形式的统一；另一种是产品包装的材料、造型、体量完全相同，在这种情况下，图形、色彩、文字、编排等形式就必须在形象特征上进行个性变化设计，强调形式上的差异。

系列化设计中形象特征的统一与变化的关系，是通过共性与个性的转换来调整的，整体统一是最基本的要求。不管共性与个性如何转换，其中品牌始终是作为统一的共性特征来进行重点表现的，这在系列化设计中至关重要。

系列化包装分类有以下几点。

第一，同一品牌、不同功能的商品进行成套系列化包装。注意要格调统一，系列化设计包含形态、大小、构图、形象、色彩、商标、品名、技法八项元素。一般情况下，商标、品名是不能改变的，其余五项至少有一项不变，就可以产生系列化效果，这样就使得系列化包装设计的整体格调十分统一，增强了产品之间的关联性。

第二，同一品牌、同一主要功能，但不同辅助功能的系列商品，比如，某个品牌的多种空气清新剂，其主要功能都是清洁空气，但辅助功能不同。

第三，同一品牌、同一功能，但不同配方的系列商品。如某个品牌的多种洁面乳，其功能都是洁面，但制造的配方不同。符合美学的“多样统一”原则，系列化包装设计产品的各个单体有各自的特色和变化。同时，各个单体包装形成有机的组合，产生整体美效果，使得种类繁多的商品既有多样的变化美，又有统一的整体美。

系列化包装策略可以使产品品牌扩大影响，形成品牌效应。强调系列化包装设计的六大统一（牌名统一、商标统一、装潢统一、造型统一、文字统一、色调统一），强化了产品的视觉冲击力。使消费者一下子就注意到了商品，更重要的是给他们留下了非常深刻的印象，成功地树立了企业的品牌形象。国外的香烟包装，许多都以品牌的商标或企业的标志为设计的主体，如万宝路、555、希尔顿等。系列化包装发生了质的飞跃，它不仅是用一种统一的形式、统一的色调、统一的形象来规范那些造型各异、用途不一又相互关联的产品，而且是企业经营理念的视觉延伸，使商品的信息价值有了前所未有的传播力。塑造产品的品牌形象，实际是对产品的二次投资，是对产品的附加值的提升。系列化包装策略还可以缩短设计周期，方便制版印刷，节约生产时间。系列化包装在造型、文字、装潢、色调、商标、牌名等方面的统一，可以大大缩短系列化包装设计的周期，节约很多的设计时间，从而使设计者有更多的时间为新的产品设计。在印刷阶段，由于部分印版的共用，大大节约了生产成本，也节省了一定的制版时间。

系列化包装策略还可以扩大销售。采用系列包装设计产品的整体价格低于单独购买的总价格，比如某个品牌的系列化妆品，在保持整体设计风格的同时，采用较大的容器，将各种化妆品进行集合包装，作为一个销售单元进行整体销售，价格相对便宜。不仅可以吸引更多的消费者购买，而且一买就是一个系列的产品。一方面购买的人数增多，另一方面个人购买的数量也增加了。显然，两者都显著增加，从而扩大了产品的销售量。系列化包装上架陈列效果强烈，容易识别和记忆，增强了广告宣传的效果。在激烈的市场竞争中，包装的促销作用日益明显，包装系列化设计的应用越来越受到人们的重视。

（三）复用包装策略

复用包装策略又叫多用途包装策略，从广义上讲，可重复使用的包装通常由制造商、加工商和供应商、客户在一个组织严密的供应链，具有非常严格管理的循环。这就要求在包装设计时，考虑到再利用的特点，以保证再利用的可能性和方便性。它根据目的和用途基本上可以分为两大类：一类是从回收再利用的角度来讲。例如产品运储周转箱、啤酒瓶、饮料瓶等，复用包装可以大幅降低包装成本，节省开支，加速和促进商品的周转，减少环境污染，便于商品周转，有利于减少环境污染；另一类是从消费者角度来讲，商品使用后，复用包装物上刻有企业的标记，发挥了广告的作用，可增强消费者对该产品的印象，刺激消费者重复购买的欲望，无形中起到了一定的促销作用。这种包装策略是通过产品给消费者某种额外利益而扩大商品销售，但不能使包装的功能超过用户的需要而成为过分包装。

复用包装适应消费者一物多用及求新、求利等心理要求，是一种适度节制消费以避免或减少对环境的破坏，以崇尚自然和保护生态等为特征的新型消费行为和过程。因此，复用包装也成为消费者消费的时尚。如瓷制的花瓶作为酒瓶来用,酒饮完后还可以做花瓶。再如用手枪、熊猫、小猴等造型的塑料容器来包装糖果,糖果吃完后,其包装还可以做玩具。

(四)集成包装策略

集成就是一些孤立的事物或元素通过某种方式改变原有的分散状态集中在一起,产生联系,从而构成一个有机整体的过程。集成包装的策略是数种关联性很强的产品组合在一起包装,一起出售,以便于消费者配套购买。用一个已经被消费者接受的产品来推荐新产品是一个好办法。集成包装大致可分为三类:同品种而不同规格的商品集成;将不同品种但用途有密切联系的商品集成;既非同品种也非用途有关的商品集成。如市面上推出的便携式礼品咖啡,将咖啡、伴侣和小钢勺同置于一个包装盒,就为消费者在选购礼品时带来购买冲动。如把香皂盒、洗手液放在一起卖,同样使用品牌产品系列的集成包装可以增强消费者的品牌经验。集成包装的优点是方便消费者,节省消费者购物的时间,将多种相关的商品配套在同一包装内,满足消费者的购买和使用,有利于带动多种产品销售及新产品进入市场。但是,集成包装要考虑到满足用户以需求为根本出发点,性能价格比的高低是评判一个集成包装是否合理和实施成功的重要因素。由此看来集成包装是一种商业行为,也是一种管理行为。

(五)便利性包装策略

便利性包装策略是指包装应具有便于被人操作的特点。从人的角度出发,优化人与包装的关系,以最大限度适应人的行为方式,体谅人的情感需求,使人们与包装的交流变得更加有效、更加快乐。包装便利性策略应根据商品流通与使用中的多方面因素,充分考虑包装的材料、结构、造型是否便于加工生产、是否便于装卸运输、是否便于堆码展示、是否便于销售使用等等。便利性策略包装能够给人们带来积极的心理效应,满足社会与经济的发展,在生活方式的改变、生活节奏加快的情况下,人们对时间和效率的追求。现在很多人为了节省时间不得不在汽车中进餐,也有人在办公室边工作边吃饭,方便型食品包装开始以多种多样的形式,为这些人群提供用餐的便利。

包装材料应用、包装结构设计及外观等诸多方面。在人性化设计得到广泛关注的今天,包装设计的人性化凸显出其重要的意义,便利性这一体现包装人性化的重要功能已成为包装设计策略重要的内容之一。

比如,再封拉链包装,能够很好地解决开口后物品容易散落及受潮变质的问题。消费者可以轻松地重复开启,大大提升包装的便利性。最近的一项市场调研结果表明，消费者对于可再封包装的需求贯穿在生活的方方面面，其中奶粉、果汁等冲饮品的需求占 25%，糖果、坚果、麦片等休闲食品的需求占 23%，面包、麦片等早餐谷物食品的需求占 15%，并且 90%以上的消费者并不介意为商品配上拉链所增加的成本买单，最重要的是包装能够为使用者带来真正的便利。消费者所期望的包装往往暗含消费便利性于其中。

包装携带的便利性。携带便利性是设计师在销售包装设计时必须要考虑的内容，一个产品如果携带不方便，消费者就会下意识地拒绝再次购买。携带便利性包括很多方便，例如产品从超市到家的整体携带、消费时个体携带等。整体携带，购买产品后，要将成箱的产品从超市运到家中，如何使得搬运方便和省力，包装设计师要根据产品的特点详细考虑，有时还要参考人体动力学的原理，详细设计每一个细节，达到产品易于搬运的目的。个体携带是指单个产品的携带，例如洗洁精瓶的嘴部细化设计、壶的把手设计、塑料油瓶的提手设计等。商品被消费者购买之后，带给消费者的便利性包括包装的开启方式是否明确、方便；是否便于携带；是否存在安全隐患。如易开启式的包装样式种类很多，有罐式、瓶式、盒式、袋式，其容器结构科学巧妙，使用方便，它包括拉环、拉片、按钮、扭断式、卷开式、撕开式等。易开式纸盒和塑料盒一般都在上部设计一个断续的开启切口或开启带，用手指一按或撕即开。有的还附带小匙，若一次吃不完，盖上塑料盖还可以继续使用。铁骑兵团的单轮冰鞋包装运用结构合理的背包，能把帽子、袜子、护膝、护腕有机整理在一起放入背包，材料运用尼龙布料，外观美观、结实又便于携带。

消费者看待产品包装的方式正在转变。便利性包装策略被越来越多的人重视，传统包装正在被更具创新性和灵活性的包装所取代，以满足消费者的需求。

(六)绿色包装策略

绿色包装是指有利于保护人类健康和生态环境的商品包装。绿色包装是包装领域的循环经济，是循环经济理念在包装领域的运用和具体体现。20 世纪 80 年代，德国率先推出带有“绿点”(DERGRUNEPUNKT，即产品包装的绿色图案)标志的“绿色包装”，双色箭头表示产品或包装是绿色的，可以回收使用，符合生态平衡、环境保护的要求，我国在 1993 年开始实行绿色标准制度，先后制定颁布了严格的绿色标志产品标准。

绿色包装策略的主要方法包括减量化、再生材料的利用、可重复使用化、能再生的再循环化、自然素材的有效利用、抛弃容易化等。绿色包装设计不仅是一种技术层面的考量，更重要的是一种观念上的变革，要求设计者放弃过分强调产品和包装的形态，用更简洁、长久的造型，使产品或包装尽可能延长寿命。绿色包装不仅是包装设计本身面临的一场大革命，也是包装材料的一场大革命，更是有关人类生存、发展的大革命。它给包装设计带来了更多的挑战，也带来了更多的机会。

首先，要针对包装商品的特点，绿色包装策略要详细地分析其包装的应有功能和最基本的功能特性，进一步评估这些功能的实现是否消耗了比较少的材料和能源，对环境造成了最小的压力。其次，在设计过程中既要分析产品的功能结构，也要分析产品的材料结构。在功能结构方面，要弄清包装商品的形态、体量、品类、属性和运输的范围，分析确定包装品主体的结构功能或附件的功能，进一步明确包装品的使用目的。在材料结构方面，要分析包装材料的属性与包装用途是否配置合理；分析整体产品的材料构成和可拆卸性、使用实效；尽量在同一包装品中减少材料种类，以便分类回收；分析是否还可以节省材料和减少体积、重量。应从包装品的循环周期上考虑如何设计，便于在整个包装品循环周期内对资源消耗、环境负荷做总体描述。最后，在图形文字方面，特别是在设计语言的表现上，应多强调宣传环保方面的信息，图案、品名、色彩、文字等要素要符合审美需要。

在芬兰，塑料瓶的回收率高达99%，商场里，人们自觉地把废瓶子送入回收机，回收机找回金额，环保意识得到了具体的再现与实施。使用自然材料也是绿色包装策略的体现，中国的米粽包装就是一项极佳的传统包装设计，包装的外衣——粽叶，取材于自然植物芦苇，粽叶的清香不仅增添了米粽的味道，而且用后弃于自然，便于分解消失殆尽。就我国的陶器而言，陶制品自古就广泛应用于生活之中，陶器取材于自然泥沙，质地坚硬，易于盛装，便于使用与回归自然。现今在中国酒包装设计上，仍然随处可见陶器与瓷器的良好应用。造型上经过匠心独具的设计，加之色调及文字的艺术处理与巧妙搭配，此类包装仍然不失其现代感，又深浸中国古文化的素养，可谓与绿色包装策略形成了神奇的吻合。只要因地制宜，立足于地方材质，既可节省能源又利于环境，从这个意义上来说，此类包装的发展潜力不可估量。

第二节　现代创意包装设计的构思与表现

构思是设计的灵魂。构思的方法是在现代设计定位理论的引导下从某一层面、某一角度出发进行重点突破，从而产生具体的设计处理形式。构思的核心在于考虑表现什么和如何表现两个问题。回答这两个问题即要解决以下四点：表现重点、表现角度、表现手法和表现形式。一般认为，重点是设计的目标，角度是设计的突破口，手法是设计的战术，形式则是设计的武器。

一、表现重点

包装设计是在有限画面内进行设计表现，这是空间上的局限性。同时，包装在销售中又是在短暂的时间内为购买者认识，这是时间上的局限性。这种时空限制要求包装设计不能盲目求全，面面俱到，必须在设计构思中抓住表现的重点。

包装设计的表现重点是指表现内容的集中点与视觉语言的突出点。表现重点的确定是建立在对商品、消费者和竞争对象充分了解基础上，还涉及生产者企业知名度、商标知名度、是老产品包装改进还是新设计开发、是否有整体营销方针、有何专用识别符号、委托方有何特定设计要求、品牌形象如何定位等内容。另外，设计者还要有丰富的有关商品、市场的政策以及生活和文化知识的积累，积累越多，构思的天地越广，路子也越多，重点的选择亦越有基础。

通过以上对商品、消费者、销售市场和社会有关资料的分析、比较和选择，寻求出问题点和机会点，形成设计思路的媒介条件进而确定表现的重点。

重点的选择主要包括商标牌号、商品本身和消费对象三个方面。一些具有著名商标或品牌的产品就可以以商标牌号为表现重点；另一些具有较突出的某种特色的产品或新产品的包装则可以用产品本身作为重点；还有一些对使用者针对性强的商品包装可以以消费者为表现重点。比如，m&m's巧克力的卖点是“只溶于口，不溶于手”，这个构思的重点就放在了产品特性上。还有许多产品把原产地风情作为构思的表现重点，通过包装的形象传达给消费者，像来自哥伦比亚的咖啡、来自法国的葡萄酒等。总之不论如何表现，都要以传达明确的内容和信息为重点。

二、表现角度

表现角度是确定构思的基本倾向后的深化，即找到主攻目标后的具体突破口，也是更为深入的构思明朗化的关键步骤。虽然同一事物都有不同的属性和认识角度，但是多角度的表达只会造成信息传达得含糊不清。因此，在设计表现上相对集中于一个角度，更有利于设计主题的鲜明性，使视觉获得更加明确的接受效果。

假如我们以商标、牌号为表现重点，可以分别选择标志形象与牌号所具有的某种含义作为突破角度；如果是以商品自身作为表现重点，我们既可以从产品的外在形象，也可以从产品的某种内在属性(原料构成、功能效应等)考虑方案。

如在咖啡豆或速溶咖啡包装图形设计中，运用加工好的咖啡饮品芳香四溢的形象，通过富于意趣的视觉语言，一目了然地传达商品的信息。还有像邦迪创口贴产品的包装上，通过展现贴着创口贴来伸展自如的手指形象，强调商品的使用特点，强化商品的形象。如果是以消费者作为表现重点，就要以人为中心，通过画面和信息强调消费者的适合人群及消费需求。

正确把握包装设计的表现角度可以充分表现出商品的商业功能，起到引导消费行为的作用。以下儿点是形成消费者对商品印象的基本要素，也是可以作为构思突破口的参考。

第一，外观的诉求：商品的外形、尺寸、设计风格。

第二，经济性诉求：价格、形状、容量等。

第三，安全性诉求：使用说明标注、成分、色彩、信誉。

第四，品质感诉求：醒目、积极感、时尚性。

第五，特殊性诉求：个性化、流行性。

第六，所属性诉求：性别、职业、年龄、收入等。

以上诉求点就是为了吸引消费者。总之，一件具有吸引力的包装在视觉表现中应该有这样一些特征：品牌形象和企业形象突出，有吸引人的形态和色彩，由包装就能充分了解商品内容及使用方法等信息，并具有时代性和文化特征。

三、表现手法

表现的重点与角度主要是构思选择“表现什么”，而表现的手法与形式是解决构思“如何表现”的问题。好的表现手法和表现形式是设计是否动人的关键所在。

对于包装来讲，表现手法的准确鲜明尤为重要。准确即围绕表现目标选择适当的具体处理样式，使手法本身具有特定的信息感；鲜明即对所采取的手法与形式在具体处理时注意视觉符号的典型化，各个构成成分及其相互关系都要注意典型效果的表现。

不论如何表现，都是要表现内容的某种含义与特点。从广义看，任何事物都具有自身的特殊性，都必然与其他某些事物有一定的联系。这样，要表现一种事物，表现一个对象，就有两种基本手法：一是直接表现该商品的特殊性——特质、特征、特点；二是间接地借助于该对象的一定特征，或间接地借助于和该商品有关的其他事物和因素来表现事物。前者称为直接表现，后者称为间接表现。

（一）直接表现

直接表现是指表现重点是包装的内容物本身。它是对消费者进行直接传达商品特色的一种形式，包括表现其外观形态、用途、用法等。经常运用摄影图片或开创方法来表现形象与品质。这种包装给人以直观、可信性强的印象，很容易赢得消费者信赖。直接表现主要有以下一些表现手法。

1.衬托

通过形象的差异来衬托主体，使主体得到更突出的表现。衬托的形象可以是具象的，也可以是抽象的，处理中注意不要喧宾夺主。

2.对比

这是衬托的一种转化形式，可以叫作反衬，即从反面衬托使主体在反衬对比中得到更突出的表现。对比部分可以采用具象，也可以采用抽象；可以是写实的，也可以是装饰变化的。

3.归纳

归纳是以简化求鲜明，是对产品主体形象加以简化处理，通过对形与色的概括提炼，使产品的特征更加清晰，使主体形象趋向简洁单纯。

4.夸张

夸张是以变化求突出，在取舍的基础上对产品形象的特点有所强调，使商品特点通过改变的形象得到鲜明、生动的表达。包装画面的夸张一般要注意可爱、生动、有趣的特点，不宜采用丑化的形式。

5.特写

这是通过形象的大取大舍，以局部表现整体的处理手法，以使主体的特点得到更为集中的突出表现。设计中要注意所取局部的典型性。

（二）间接表现

间接表现是比较含蓄的表现手法。就产品来说，有些东西如化妆品、酒、洗衣粉等很难采取直接表现达到理想的效果。因此，这就需要用间接表现法来处理。间接表现手法虽然画面上不出现商品本身形象，但借助于其他有关事物与因素同该对象的内在联系来表现，往往具有更加广阔的表现空间。在构思上往往采用表现内容物的某种属性或意念等。间接表现的手法主要是比喻、联想、象征和装饰。

1.比喻

比喻是借具有类似点的它物比此物，是由此及彼的手法，使视觉表现更加鲜明生动。比喻的手法是建立在大多数人具有共识性的具体事物、具体形象意义基础上的，如以花喻芳香美丽、以鸳鸯喻爱情等。此手法多用于不容易直接表达的产品包装设计中。

2.联想

联想是借助于视觉形象要素激发和诱导消费者的认识方向，使消费者产生相关的联想来补充画面上所没有直接交代的东西。这也是一种由此及彼的表现方法，它可以使消费者从包装的具象和抽象的图形中产生一系列的心理活动，得到商品的意义以及美妙的文化和审美享受。比如，从鲜花联想到幸福，由书法联想到中国文化，从落叶联想到秋天，等等。

3.象征

象征重在表现形象的意念化上，较比喻和联想更为理性与含蓄，在表现的含义上更为凝练和抽象。象征表现主要体现在大多数人共同认识的基础上，用以表达牌号的某种含义和某种商品的抽象属性，如鸽子象征和平等。作为象征的媒介在含义的表达上应当具有一定的特定性与永久性。另外，在象征表现中，色彩的象征性的运用也很重要。

4.装饰

有些商品的特性很难采用比喻、联想、象征等加以表现时，可施以装饰的手法进行处理，以提升商品的视觉传达力和艺术性。在运用装饰手法时，应该注意视觉符合的意象性与风格的倾向性，从而引导消费者的视觉感受。

四、表现形式

表现的形式与手法都是解决如何表现的问题，是设计的视觉传达样式和设计表达的具体语言形式。表现手法是内在的，形式是外在的，是手法的落实与结果，它包括造型、图形、色彩、文字、构成等形式。

表现形式应考虑以下一些因素。

第一，牌号与品名采用字体的设计和字体的大小。

第二，主体图形与非主体图形的设计：用照片还是绘画，具象还是抽象，是整体还是局部特写，面积大小如何等。

第三，色彩总的基调：各部分色块的色相、明度、纯度的把握，不同色块的相互关系，不同色彩的面积变化等。

第四，商标、主体文字与主体图形的位置编排处理：形、色、字各部分的相互构成关系，以什么风格来进行编排构成。

第五，是否要加以辅助性的装饰处理，在使用金银和材料、肌理、质地变化方面的考虑，等等。这些都要在形式考虑的全过程中加以具体推敲。

总之，一件具有吸引力的包装设计形式本身应具有其整体风格，绝不可各行其是，互不关联，而是力求使设计表现的性格鲜明地显现出来。表现手法与表现形式的确立也不能简单化处理，也并不是一个设计中只能采用一种手法或一种形式，可以在一件包装中将两种表现手法或表现形式有机地结合使用，以求得设计创意的完美表现。

第三节　现代创意包装的设计方案

一、概念性包装设计

概念设计起源于20世纪60年代的意大利，是艺术发展进程中受意识形态中的概念艺术影响所形成的设计模式。随着人们的思想意识和科学技术的发展，概念艺术影响的设计不断地被城市规划、环境艺术、包装设计及金融、材料、工程、教育、生活方式等领域所引用，并取得了积极作用。

（一）概念包装与包装设计的相互关系

概念包装是以创新为本位，以试验为基础，以未来需要为导向的设计学科。概念包装设计的价值在于对发展的、前沿性的市场有把握和操作能力。因此，引导消费、改变生活和使用方式以及社会性的意义成为最大课题，并显示设计者的责任。由此，概念设计是社会发展、科技进步、改善生活的需要。

一般来说，概念设计由许多艺术形式、设计要素构成，是基于应用设计的不同层次的设计观念，是设计整体的一个组成部分，可分为三个方面。

1.概念包装设计的功效方面

这是包装设计的技术基础，主要指包含了设计要素的物质载体，它是在具有基础功能性、易变性的特征的基础上努力满足新需要形成的。如各种包装设计应具备的功能——承载商品、保护商品、储运商品、销售商品的能力以及消费者在使用包装产品中的消费行为等，都是概念包装所涉及的，这个层面可以形成独立的设计研究体系。

2.概念包装设计的视觉方面

这是概念包装设计的形态表现，也是概念包装设计基础的视觉物化。它表现为有较强的时代性和连续性，主要包括具有商品品牌、商品展示、形象装饰、商品为广告内容的协调设计系统，以及各要素之间的关系，遵循社会市场规范、法规制度，满足消费群体，根据市场消费需求规范设计并矫正设计方向。在这里，概念设计探求它们具有的发展过程、动态和趋势，在有限的空间寻找新的突破。

3.概念包装的领先探索方面

概念包装的领先探索方面是一种发展状态，所以也可以认为是创作的意识流露。它处于前沿和领先地位，是设计系统各要素一切活动的突破。科技的发展、生产力的提高和思想的进步，带来的对包装设计的创新需求，主要就表现在对生产和生活观念、价值观念、思维观念、审美观念、道德伦理观念、民族心理观念等方面上的新认识。它是设计结构中最为前沿的部分，也是设计的动力，它潜在于人的内心深处，并渴望发展变化，最终会直接或间接地在应用层面上得到表现，并由此得出概念包装的发展和规律，改造社会未来的发展，引领设计的发展趋势。

（二）概念化包装设计的设计原则

概念化包装设计在概念上、思想上可以走得很远，但在具体的包装设计上必须考虑消费者，特别是大多数人在接受新事物、新设计、新形势方面的可能性。概念包装设计也需要以设计为目的，必然要遵循一定的设计原则。

1.科学性原则

以科学的态度对待概念设计，设计不是徒有其表的新形象，也不是哗众取宠的猎奇怪物。它体现实际研究得出的结果，是通过系统调查、分析、总结、试验等得出的结果，体现社会发展水平、人的思想意识和生活方式、科学研究水平。对传统的反思和重新认识，对传统材料的再认识利用，新材料、新工艺的研发，都离不开科学的态度。

2.原创性原则

既然是概念设计就要遵循与众不同的原创原则，就要有独特的见解与个性，所做的设计才会有活力和竞争力，才会具有探讨精神和研究意义，才能得出全新的方案，才会区别于同类的设计，不会产生雷同，设计才会有真正的意义，显示创造的进步性。

3.目的性原则

概念设计是以未来发展需要进行的创造，设计是有目的性的，设计要解决装饰美化的实用问题，要解决艺术的形态、浪漫的想象、材料的运用、结构的合理、工艺性能的提高等一系列的问题，设计的严谨性和相互联系的理性原则等一系列的创造，这是一种设计的需要乃至必需。

（三）包装设计的概念表述

主题是概念设计率先提出的原创点，围绕概念设计主题，提出设计方案，突出主题的内涵，表现主题的形态。概念包装设计提出的主题就是要突破以往的设计观念，提出新的设计思路，做出出乎意料又在情理之中的设计方案，概念的提出将主导着设计的发展方向，这是设计的核心所在。概念主题的选择要经过调查分析后再确定方案。概念主题可尝试在性能概念、形态概念、抽象概念、文化概念、生态概念等方面引发创造性思维，使设计目标有深度和广度，特别能符合文化内涵、艺术形式、技术手段的需要。

1. 性能概念

从包装材料工艺出发，能提出新的材料概念、结构概念、防护概念、储运概念、使用方式概念等。

2. 形态概念

从包装形态塑造出发，能提出新的外观造型概念、色彩概念、形象装饰概念、展示销售概念等。

3. 抽象概念

从包装设计元素的符号性入手，能营造包装的思维情感概念、客观状态概念、交互概念等。

4. 文化概念

从消费群体的生产、生活方式研究入手，能提出民俗文化概念、节庆概念、活动主题概念、信息发布概念、地域文化概念等。

5. 生态概念

从人与环境友好的可持续发展的角度出发，能提出环保概念、健康概念、能源概念等。

总之，概念包装要有前卫的精神，要引领材料的开发，要适应使用的需求，要有审美求新的视觉满足，要在设计领域真正发挥创造的功效。

（四）创意概念包装设计的发展

概念设计是艺术发展进程中受意识形态中的概念艺术影响所形成的设计模式。随着人们的思想意识和科学技术的发展，受概念艺术影响的设计不断地被各个领域所引用，其思想原动力、形式和内容以创新和领先的方式推动其在各个领域中的研究和应用，并取得了积极的作用。概念包装设计作为一种最丰富、最深刻、最前卫、最代表科技发展和设计水平的包装设计方式，其表现非常丰富。它可从功能、储运、展示、销售、结构、材料、工艺、装饰等方面，进行研究、试验、表现；它需要就涉及的相关内容广泛深入地挖掘现状，以及根据需要的目标主题，有据可依地进行设计，提炼出概念主题，进行深入开发，使得设计有相当的深度，表现出当今最具前沿的设计思想和设计水平；它也需要符合科技发展的水平，为设计带来相关技术课题，从而推动相关行业共同发展。概念包装设计的价值在于对发展中的、前沿性的市场提出有把握性和操作性的设计理念，改变商品的使用方式和人们的生活方式，从而引导人们的生活消费。这种让设计具有社会性的意义成为最大的课题，并能展现当代设计人的责任。

概念包装是以创新为本位，以试验为基础，以未来需要为导向的设计学科。因此，无论是在理论上，还是在实践中，设计师都应把概念包装设计作为一种设计形态来对待。在当前社会中，设计理论的研究已不仅是对一门学科的深入剖析，而是对多种学科交叉的统观。把概念包装设计活动作为一种设计体系来看待，也就不仅是简单的新奇的设计形式的满足和能刺激感官的设计花样所能代表的，概念的内涵是现代设计师在进行概念设计时必须掌握的。

概念包装设计提出的主题就是要突破以往的设计观念，提出新的设计思路，做出既出乎意料又在情理之中的设计方案。概念的提出将主导着设计的发展方向，这是设计的核心所在。概念主题可尝试在时空概念、性能概念、形态概念、抽象概念、节庆概念、生态概念等方面引发创造性思维，使设计目标具有深度和广度，特别是能符合文化内涵、艺术形式、技术手段的需要。包装以概念设计的形式出现时，总是为包装的改革发展与未来需要做准备，而不是一味求新求奇。结构的设计与以往不同，不像装置艺术那样为结构形态而出现，它是为保护、使用做准备；材料的使用不像绿色设计是以简洁环保为目的，它要传达的也许是文化的特征；形态的出现不一定像构成设计那样严格，或许它是借助形态抒发情感。总之，概念包装要有前卫的精神，要引领材料的开发，要适应使用的需求，要满足审美求新的视觉要求，要在设计领域真正发挥创造的功效。

二、系列化包装设计

在琳琅满目的货架上，经常可以看到同一种产品的包装设计十分相似，要么颜色发生改变，要么新增了一点文字说明等，这些商品包装呈现出一个系列，这种包装方式就是当代越来越受到生产厂商青睐的系列化包装设计。系列化商品包装也被人们称为“家族式”包装，它们呈现出共同的特点是突出产品包装的共性，在视觉上形成了一个“家族”的感觉，而每一件商品包装的个性又能使消费者分辨出它们之间的差别，譬如同一种品牌的方便面包装，采用同样的规格、商标、品名等，但由于味道不同而采用不同的包装用色。

(一)系列化包装设计的概念

品牌产品的包装设计，最大的挑战在于维持整个产品大家族的视觉一致性，即系列化包装。所谓系列化包装设计，是指以统一的商标图案及文字字体为前提，以不同的色调、水纹或造型结构为基调进行的同一类别的商品包装设计，要求同中有异、异中有同，既有多样化，又有整体感。系列化包装是当今国际包装设计中一种比较普遍流行的形式，是一个企业或一个商标、牌名的不同种类产品，用一种共性包装特征统一设计而形成的一种统一的视觉形象。如用特殊的造型、文字、标识、色彩、图案等来统一设计，使各个产品的包装具有统一的辨认性，使消费者在货架陈列中一看便知道是哪家企业或哪个品牌的产品，而每一种产品自身的包装又具有个性。

(二)系列化包装设计的分类

产品的系列化包装设计大致可以分为以下三类。

第一，同一品牌、不同功能的商品的成套系列化包装。

第二，同一品牌、同一主要功能，但不同辅助功能的商品的系列化。例如，某个品牌的多种空气清新剂，其主要功能都是清洁空气，但辅助功能不同。

第三，同一品牌、同一功能，但不同配方的商品的系列化包装。例如，某个品牌的多种洁面乳，其功能都是洁面，但其制造的配方却不同。在设计产品的包装时，设计者应当充分把握系列设计的特点，既发挥系列化包装设计的作用，又要有利于消费者对产品的区分与选择。

(三)系列化包装设计的特征

在品牌形象策略中，一要以强调品牌的商标或企业的标志为主体，二要强调包装的系列化以突出其品牌化。系列化包装设计的六大统一(牌名统一、商标统一、装潢统一、造型统一、文字统一，色调统一)强化了产品的视觉冲击力。随着社会生产的不断扩大，社会产品越来越丰富，再加上市场竞争的日趋激烈，商品包装在广告宣传方面占据着越来越重要的地位，商品的系列化可以更好地提升人们对商品的关注程度。一组商品中统一形象的反复出现，会使消费者对商品的牌名、商标、形象等产生比较深刻的印象，会使消费者一下子就注意到商品，更重要的是会给消费者留下非常深刻的印象，进而成功地树立企业的品牌形象。国外的香烟包装，许多都是采用了以品牌的商标或企业的标志为设计的主体，如万宝路、555、希尔顿、摩尔等。系列化包装不仅是用一种统一的形式、统一的色调、统一的形象来规范那些造型各异、用途不一而又相互关联的产品，而且是企业经营理念的视觉延伸，使商品的信息价值有了前所未有的传播力。塑造产品的品牌形象，实际上是对产品的二次投资，它是对产品附加值的提升。

系列化包装设计作为当今国际包装设计中一种较为普遍流行的形式，它具有以下三大特点。

1.格调统一

系列化包装设计包含形态、大小、构图、形象、色彩、商标、品名、技法等八项元素。一般情况下，商标、品名、技法这三项是不能改变的，其余五项至少有一项不变，就可以产生系列化效果，这样就使系列化包装设计的整体格调十分统一，增强了产品之间的关联性。

2.一个系列的产品数目相对较多

很明显，由于产品采用的是系列化包装设计，那么同一系列，产品的数目最少是两个，一般会多于两个，这样有助于产品的促销。消费者在购买商品的时候，一般一买就是一个系列的商品。因此，系列化包装设计可以增加商品的销售量。

3.符合美学的“多样统一”原则

系列化包装设计的产品的各个单体有各自的特色和变化。同时，各个单体包装又形成有机的组合，产生整体美效果。系列化包装设计使得种类繁多的商品既有多样的变化美，又有统一的整体美。

（四）系列化包装设计的原则

统一的形象特征是形成系列化设计的基本条件，但是形象特征过于统一往往无法区分不同商品之间的差别。因此，系列化设计在统一形象特征的基础上，通过局部形象的变化来达到区分不同商品的目的。在系列化设计中，统一的形象特征过多，容易造成整体形象的呆板，变化的形象特征过多，则容易造成整体形象的散乱。常用的处理方法有两种：一种是产品包装的材料、造型、体量变化不一，在这种情况下，图形、色彩、文字、编排等形式要侧重形象特征的共性设计，强调形式的统一；另一种是产品包装的材料、造型、体量完全相同，在这种情况下，图形、色彩、文字、编排等形式就必须在形象特征上进行个性变化设计，强调形式上的差异。

在进行系列化包装设计时，要注意以下问题。

1.统一构想

设计系列包装一定要统一思考，预先确定整体方案：统一商品的共性，在此基础上区别商品的个性。同时，要注意与市场上其他厂商同类商品的系列包装设计拉开距离。

2.分步制作

系列商品中的单个商品包装可以在整体方案的框架内分别设计制作，特别要强调系列包装设计的整体感，要注意产品形象、品名的设计和对色调的把握。完成大部分商品包装设计后即可推向市场，尚未定下来的产品或以后的新产品并入这个系列即可，照此办法设计，以保持系列化的感觉。

（五）系列化包装设计的形式法则

系列化包装设计的主要对象是同一品牌下的系列产品、成套产品和内容互相有关联的组合产品。首先，系列化包装设计要采用一种统一而又有变化的规范化包装设计形式，使不同品种的产品形成一个具有统一形式特征的群体，提高商品形象的视觉冲击力和记忆力，强化视觉识别效果。不同品牌、不同档次、不同类别的产品是不能随意进行系列化设计的，因为产品内容缺乏内在统一的联系。其次，商品包装要传递基本信息，包括生产者、产品、消费对象。生产者在包装上的体现是商标和企业名称；产品在包装上的体现是产品形象和品名；消费对象在包装上的体现是消费者形象和文字说明。

在商品包装主要展销面上，要总是以其中一个信息为主来作为包装设计的切入点。如果生产厂家是大企业或者是著名品牌生产商，包装设计可以定位在生产者，突出商标；如果产品特别漂亮，特别有吸引力，如令人流涎欲滴的美味食品，包装设计可以定位在产品，充分表现产品的动人形象；针对某一消费群体的商品，如销售给年轻女性的化妆品，包装设计可以定位在消费者，展示消费对象的形象。

在包装设计中，要全面考虑到各种素材之间的关系性，学会运用以往所学到的设计法则去实践设计。如商标、图形、产品形象、产品名称、说明文字、条形码等，都可以看成点、线、面的抽象的元素。要合理构架形与形之间的和谐关系，注意它们之间的大与小、黑与白、长与短、粗与细、疏与密、比例以及色彩的明度、纯度、色相等对比与调和关系，注意视觉上的节奏与韵律，让它们符合形式美的法则。在“平面构成”中将所学到的知识与商品包装设计有机地结合起来是非常有必要的。

(六)系列化包装设计的作用

1.扩大影响,形成品牌效应

在品牌形象策略中,一是强调以品牌的商标或企业的标志为主体,二是强调包装的系列化以突出其品牌化。系列化包装设计的六大统一(牌名统一、商标统一、装潢统一、造型统一、文字统一、色调统一),强化了产品的视觉冲击力,通过商品的系列化可以更好地提升人们对此商品的关注程度。

2.缩短设计周期,方便制版印刷,节约生产时间

系列化包装在造型、文字、装潢、色调、商标、牌名等方面的统一,可以大大缩短系列化包装设计的周期,节约很多的设计时间,从而使设计者有更多的时间为新的产品进行设计。在印刷阶段,由于部分印版的共用,大大节约了生产成本,也节省了一定的制版时间。

3.扩大销售

采用系列化包装设计,产品的整体价格低于单独购买的总价格,不仅可以吸引更多的消费者购买,还可以具有强烈视觉效果的统一整体形象,加深消费者进一步了解商品的兴趣,使其一买就是一个系列的产品,从而扩大了产品的销售量。在激烈的市场竞争中,通过整体形象增强了竞争力。

4.其他作用

既有多样的变化美,又有统一的整体美;上架陈列效果强烈;容易识别和记忆;增强了广告宣传的效果。

(七)系列化包装设计的实施

1.统一牌名

统一牌名即统一产品的姓氏,统一牌名是产品包装系列化惯用方法,把企业所经营的各种产品统一牌名形成系列化,以争取市场并扩大销路。

2.统一商标

商标是企业、厂商的形象,系列包装上不断反复出现商标形象,以形成统一商标的包装系列化,有利于识别和创出名牌,提高市场竞争能力。

3.统一装潢

尽管产品多种多样,造型结构各不相同,可以在统一牌名、统一商标的同时,应用统一装潢、统一构图形成系列化。如同一格调的画面、同一格调的装饰和拼合画面等产生有节奏感、韵律美的多样统一的系列化包装效果。

4.统一造型

结构复杂的造型形成系列化的办法是从基本形式及其特征统一上去考虑。

如有的瓶装产品的瓶身不同，就可在瓶盖上统一造型特征；有的瓶身大小高低不同，可以统一强调某些造型装饰特征。在造型结构及装潢都达到统一的情况下，可在装潢画面上标明不同品种，或以不同的色彩来区别不同品种，以取得格调一致而形成系列化包装。

5.统一文字

统一文字字体也是包装系列化的一个重要方面。在包装装潢设计中，字体排列起着很大的作用，单是字体统一也可达到系列化效果。

（八）品牌意识和民俗（或民族）意识

系列化包装方式实质上是商家在经营上的一种销售策略，是通过调查与分析市场上同类商品的销售状况后所做出的战略决策。商家具有一定的战略眼光，将所生产的产品组成系列整体推出，但这同时也有一定的风险。系列化包装在货架上所占面积较大，使消费者感到统一和谐，视觉冲击力较强，很容易吸引消费者的视线，比单一商品包装影响大得多，这种包装方式使人印象深刻，容易记忆，市场反响强烈。在较短时期内，系列化包装设计对于开拓市场、抢占市场份额、形成销售规模是很有效的，在同类商品销售竞争中，是有着重要的战略意义的。系列商品包装方式的使用非常广泛，几乎所有的同类商品都可以采用系列商品包装方式，尤其以食品、化妆品、土特产品、轻工产品为多。

只有民族的才是世界的。包装与招贴作为企业文化的一部分，既有它的实用功能性，又有它的文化艺术性。既然有了文化艺术性，它就离不开民俗性或民族性。包装或招贴有了民俗性或民族性的特色，既体现该包装或招贴的独特个性和与众不同性，又体现其明显的地域特色、民族民俗特色和文化特色。“阿诗玛”香烟和美国的“希尔顿”香烟的包装主题图案，都带有非常明显的民俗特色。法国的“白兰地”酒和中国的“茅台”酒，也同样具有这种特色。天津的杨柳青、云南的蜡染工艺画，也是具有这种特色的艺术形式。美国的可口可乐招贴画和中国的健力宝招贴画也有异曲同工之妙。因此说，设计人员必须树立这种意识，在设计一个产品包装或招贴画时，如果能把这种民俗性、民族性的特色体现出来，不仅能突出其中的“特别”，而且对产品的促销和招贴画的宣传都会起到推波助澜的作用。

在树立民俗（或民族）意识时，设计者应该注意以下两方面。

第一，要了解所设计产品的地域特色、民俗文化、代表一个民族的图腾或吉祥物以及民间文学中的显著特点等，这对设计是很有帮助的。作为地域特色，如河南的少林寺、桂林的山水；作为民族文化，如中国的耍龙灯、舞狮子；作为图腾或吉祥物，如“中华龙”与“雄狮”；作为民间文学的显著特点，如“七仙女”“白蛇传”“织女牛郎”“玩杂技”“看村戏”;作为民俗与民族化的标志,在实际设计工作中要巧妙地加以运用。

第二,在运用中要注意所设计的产品与其所表达的主题间的内在的关联,也就是说要注意内在的千丝万缕的联系。例如,阿诗玛香烟是根据阿诗玛生产厂家所在地“阿诗玛”的传说而命名的,“中华”香烟是以北京的天安门为背景而设计的,“茅台”酒是由茅台镇而得名等。

三、主题性包装设计

主题性包装设计是指针对某一特定的对象、节日、消费群体而设计的一种单独、统一的设计风格,为突出某一理念而专门进行的设计。这里所选主题性包装设计主要根据某一理念、节日、态度及类别做出的包装设计研究。主题性包装设计的探究为包装设计添上新的形式,让琳琅满目的商品货架增添了又一亮点。

例如,英国设计师本·考克斯设计的“KIKORI”牛仔裤,该品牌围绕人物樵(Kikori)展开,这是一个优质、专业的牛仔裤品牌。在图形化和美妙中存在奇妙的空间,它们代表了 Kikori 子品牌的产品,通过使用子品牌的产品卡和网站导航栏上树冠中的不同元素来进行区分。切割的树木和图形化树木通过包装扩展了主题,并出现在与品牌相关的印刷品和数字媒体上。包装工艺精制,元素取材于各种年龄的松树中。它们完整的、非对称的结构达到了形态各异的个性特点。网站的导入过程是 Kikori 的动画,网站主页完全呈现后,动画才会结束。线性的导航系统允许用户可以在樵树上浏览 Kikori 品牌的各种产品。

又如,贝奇·鲍尔温、赖安·蒂姆设计的 Joe′s Ice Cream(乔的冰激凌)的包装。乔的冰激凌已经在威尔士有近百年的历史了,许多英国各地乃至其他国家的人都慕名而来。作为一款本土冰激凌,全新的品牌形象和包装设计以怀旧的排版风格为特色,得到了广大消费者的一致好评。

再如,阿达姆·穆勒迪设计的“Filght 001”。Flight 001 是一家提供旅行者需要产品的公司。随着公司业务的全球化发展,为了适应这种趋势,他们发现了旅行者最重要的一款产品——世界时钟的同时也了解到旅行者备受困扰的是时区不同时要调整手表时间。新发明的时钟,能够根据不同的地区和时区来校准时间,从根本上解决了旅行者的烦恼。产品由轻薄的木材制成,便于携带,并能同时显示 3 个不同地区的时间。

四、手提袋设计

手提袋不同于一般概念的包装，它具有极强的流动性。作为一种移动的“宣传品”，是现代消费的文化承载中介和良好的广告宣传媒体，已成为企业进行自我宣传的一种有效手段。

(一)商业提袋的分类

根据用途的不同，我们可将商业提袋分为纪念型、广告型、专用型、礼品型等几种。

1. 纪念型商业提袋

纪念型商业提袋在展览会、专题活动上最常见，这些提袋既能突出主办单位，也可对参展单位有较好的宣传作用。

2. 广告型商业提袋

广告型商业提袋均由厂家自行制作，主要突出厂家标志、名称、广告语等，并配以鲜艳夺目的色彩。这种商业提袋配合产品发放，或通过展销会、发布会等形式传送到人们手中，也是目前普遍使用的一种手段。

3. 专用型商业提袋

专用型商业提袋具有通用性。例如，各大商场印制的提袋，在设计上只表现商场的标志、名称、地址、电话等，适用商场的各类商品，能够使商场的声誉更加深入人心。一些出版单位也有类似的提袋，多出现于书市、新书发行日等场合。

4. 礼品型商业提袋

随着礼品行业的迅速发展，市场上出现了各种礼品纸、礼品袋。规格各异的纸质礼品型商业提袋，既满足了市场需求，方便了人们生活，又起到传情达意的作用。

(二)手提袋的功能

1. 实用功能

手提袋具有保持商品及包装完整性的功能，既起到保护原商品的作用，又方便消费者携带与搬运。

2. 宣传功能

手提袋作为一种可以移动的广告载体，具有广告与促销的作用。消费者购物后，提着手提袋所到之处，无形之中成为宣传该产品或企业的“无声推销员”，对于企业来说是既经济实惠又行之有效的广告策略。

3.增值功能

精良的手提袋设计能增强礼品的亲切感和贵重感，符合消费者的心理需求。因此，手提袋对提高商品的价值，渲染人际交往的情感有积极的推动作用。同时商品使用完之后，包装可再次利用，除了能增加商品附加价值之外，也能减少包装垃圾量，企业与消费者都可为环保尽一份力。

(三)手提袋的表现手法

手提袋的设计属于平面设计，图像表现有具象、具象变形、半抽象、抽象等，一个图形多种表现手法，一种构图多个创意，一个创意多样应用。无论采用何种表现手法，最终都要达到宣传和树立企业及产品形象的目的。

1.绘画形式表现手法

绘画形式的应用在手提袋的设计中最为常见，无论是绘画、写意画、水彩画、蜡笔画、喷绘画，还是简笔画、漫画等，都能很好地表现商业提袋的作用和风格。绘画形式表现手法适用于百货店、食品店、服装店以及展览会等场合。采用这种表现手法设计出来的手提袋，不但主题突出、色彩鲜明，且更富有情趣和意味。

2.摄影形式表现手法

利用摄影作品来设计手提袋，既简便又能取得很好的效果。摄影作品可以是单幅的，也可以是多幅拼贴的；可以是广告摄影佳品，也可以是电影剧照、明星照等。摄影形式表现手法适用于百货店、广告公司、礼品店、服装店等场合。

3.书法形式表现手法

运用文字是手提袋设计中的一种重要形式。字体摆放的位置、字体的变化、字体颜色与底色的对比等都特别重要，即使简单的单色设计也不例外。书法形式表现手法是一种看似简单的设计手法，但要想获得出众的设计效果，并不容易。因为要使单调的文字经组合后看上去既简洁又不失活泼、清新，这离不开设计者的独特构思与色彩应用。

4.企业标志形式表现手法

这是宣传各企业自身形象的一种直接表现手法。手提袋的设计，特别是标志形式的手提袋设计，可以只有一个标志出现，也可重复设计多个标志，或把标志有规则排列起来作为底纹，或改变标志颜色，采用不同质感的底纹。在色彩的搭配上力求和谐，在统一中力求突出。

5.图案形式表现手法

利用色彩、色块分割以及花卉等具象或抽象图案形式设计商业提袋，不但富有新意和时代感，还是一种具有个性的表现手法。图案形式的表现手法同样适用于百货店、展览会、美术馆等场合。设计时应掌握色彩互补、对比关系及分割比例，图案要简明，文字摆放位置要得体。

（四）手提袋印前设计要点

在设计手提袋时，不光要考虑广告表现的思想性、真实性、艺术性，还要兼顾印刷工艺的特点，从而提高广告表现效果。手提袋印前设计时应注意以下问题。

1.纸张的开数

不合开数的设计稿即使再出色，也会造成纸张浪费。因此，设计人员手边最好备有一份纸张开数表，以便随时参考。

2.纸张的种类

在设计手提袋时应注意正确选择纸张种类，如彩色印刷的商业提袋可选用单面铜版纸，纸张定量可以低一些。另外，巧妙利用不同纸张表面的纹理效果，针对设计内容的不同而选用布纹纸、蛋纹纸、光面纸等，以达到更佳的设计和宣传效果。许多手提袋是在室外使用的，除了选择耐用的优质纸张外，印刷时还要注意使用不易褪色的优质油墨。

3.图片处理

准备制版的图片，在设计稿的尺寸上要以原稿尺寸为准按比例放大或缩小。根据设计需要，对图片中不必要的内容进行裁剪或挖空处理。

4.颜色设计

设计人员手边应备有一本印刷色谱，供选择颜色用，设计色彩应尽量采用黄、品红、青、黑四色进行组合搭配，少用专色，以免加大成本。在设计中还应避免用大面积的深色做底色。

5.文字设计

在设计文字时应避免用斜体字和过于细小的文字；字号较小的仿宋字不宜采用反白字；黑体字的字号不宜太小。另外，浅底色上的文字不宜设计成反白字，深底色上的文字颜色不宜过深。

6.与印后加工匹配

在设计商业手提袋时还应当考虑印后加工的要求，如手提袋的表面要覆膜，在设计时应尽量避免用大面积深色做底色，以免覆膜过程中产生的气泡过于明显，影响商业提袋的美观。

第四节 各类商品的包装设计应用

一、糕饼礼盒的包装设计

礼品是体现礼仪的一种方式，无论是东方还是西方，礼尚往来都是一种美德。礼品是与人类美好情感联系起来的，是人们传递情感、表达情谊、相互祝愿的表达方式。丰富多彩的礼品包装，给消费者带来了美的享受和无穷的乐趣，优秀的礼品包装在提升商品本身价值的同时，能够更好地提升商品的附加价值，用后的商品包装可以作为装饰陈设，使用者能够获得意料之外的精神享受。糕饼作为传统馈赠的礼品，具有较强的传统性和文化内涵，不同的民族文化有着千差万别的内涵表达，如中秋、婚礼、庆典等，糕饼礼盒的设计应该把图形、文字、色彩以及人们对于不同节日的感情趋向集于一体，来更好地表达糕饼礼盒对于节日的特殊意义。在礼品渲染节目气氛的同时，还应考虑到受礼人打开包装时的快乐情趣，礼品要注意对空间的运用和对包装每个可以展示的面进行细节的把握。

二、食品、调味品的包装设计

食品包装的种类繁多，有油炸食品、烘烤食品、糖果、蜜饯等；调味品的包装有液体、粉末状、膏状等。这一类包装种类多、内容广泛，讲究卫生和质量。随着人们生活水平的不断提高，人们对食品、调味品的要求已经上升到注重健康、美味、营养、保健等功能。这一类商品在包装设计时要突出其美味感，要能够引起人们的食欲。为了防止变质，在包装材料的选择以及加工工艺上，都在不断地推陈出新。食品、调味品在设计表达时要标明产品的真实属性。要有鲜明的标签，图形元素要能够引起消费者的联想，色彩上要能够体现产品特点，文字排列上要清晰明确，有生产日期、净含量、保质期、成分说明、使用方法等。

三、酒水的包装设计

酒水的包装容器一般都以透明的瓶罐为主，使消费者一目了然，消费者往往以产品的颜色来判断产品的味道与新鲜程度，玻璃材质透明、晶莹照人、华丽高档。酒包装的另一大材质是陶瓷，陶瓷材质或质朴敦厚或高贵典雅。采用不同的造型，会产生各种不同的风格。玻璃瓶和易拉罐是啤酒的选择，易拉罐啤酒酒质佳、携带方便又不易被假冒。较之瓶装啤酒来说，易拉罐啤酒更适于旅行携带。酒水类的包装具备让消费者感知的特点，所以在设计时，图形多采取抽象的、简洁的、概括的元素，色彩的选择也是比较明快的，文字要素要重点突出产品的品牌名称。目前，国内市场酒类行业竞争激烈，迫使酒包装升级出新，新的技术、材料不断与酒包装结合。红酒过去大多是裸瓶销售，而今消费者对红酒的审美趋向发生了变化，在外盒、瓶形、瓶标、色彩的创新方面有了更高的要求，更加注重展卖的整体效果。木盒、异形瓶、绚丽的瓶标图案越来越多地出现在红酒包装中。此外，黄酒作为世界三大古酒之一正在崛起，越来越多的黄酒企业对产品包装进行升级，中国文化成为黄酒最适合体现的文化内涵。人们对啤酒玻璃瓶的笨重已感到厌倦，消费市场对新型啤酒包装的需求已十分迫切。

四、茶、饮料的包装设计

茶、饮料包装的设计要充分把握商品的准确特征，突出商品特色，增加包装的视觉冲击力。在茶、饮料的包装设计中色与形的统一、意境与色彩相得益彰、和谐是审美表现的永恒主题。从消费者的消费观念来看，往往把茶按照茶叶的品种不同而分成绿茶、红茶、乌龙茶、花茶等；还有的是根据消费者的喜好来定名的，如龙井、碧螺春等。在饮料的包装中往往是根据饮料的不同类型来划分，如碳酸型饮料、功能型饮料、果汁型饮料等。咖啡也是现代饮料的一类，咖啡这种外来品随着社会的进步和经济的发展，越来越多地被国人所接受。由内至外都讲究特别包装设计的新时代饮料，正逐渐风靡消费市场。饮料不再只是解渴而已，选一款包装酷炫的饮料，等于告诉大家“我是与众不同的”！包装特别的饮料给予消费者的刺激，不只限于味觉上，把它拿在手里就让人觉得时尚感十足。了解了消费者的需要及偏好之后，在包装设计方面，就尽量配合他们的生活需求。利用突出产品个性，来吸引消费者目光，令消费者心动。茶、饮料的包装设计，并不是要哗众取宠，而是要能反映消费者的生活方式，使消费者产生共鸣，激发购买欲。

五、医药、保健品的包装设计

包装在商品销售的过程中，传递着各种不同的商品信息，给人们的生活带来诸多的方便。医药用品是一种特殊的商品，包装设计受药品性质的限制，它的特殊性是必须重视和认真对待的。不能表现药品属性的药品包装是含糊不清的，消费者不能直接从包装上获得准确的信息，这是失败的包装设计。随着人们生活水平的提高、健康意识的增强，人们对保健品的需求量越来越大。消费者购买保健品除了自己使用外，还有一个用途就是馈赠亲友。保健品对于消费者来说并不是必须买的，因此在包装设计时，要挖掘设计符号的象征意义，使消费者产生美好的联想和信赖感。保健品包装设计分为保健食品和保健药品两大类，该产品的包装设计必须遵照相关行业标准执行。

六、美容化妆品的包装设计

越来越多的现代人，注重追求生活质量，尤其是现代女性，在事业发展的同时更希望能够留住青春、留住美丽。美容化妆品有男女通用的，也有针对女性或男性的，还有针对儿童的，随着物质和精神文明的发展，人们的欣赏水平和审美情趣也在不断地提高。美容化妆品是时尚的产物，它是一种极富个性的体现，它是一种情绪、一种特质、一种潮流，没有哪一种产品像美容化妆品那样对消费者的要求如此敏感。正是由于化妆品的这种特质，在设计时更要注重不同消费群体的差异性。例如，女性护肤用品设计精致优雅、色彩柔和；而男性护肤用品设计简洁明快、清新有动感；儿童护肤用品要表达童趣、天真烂漫，色彩明快有感染力；美容用品则要体现色彩富丽、优雅华贵。

七、日用品的包装设计

日用品种类繁多，包括电子产品、日化产品、办公用品、工业产品等，这一类的商品包装设计风格简约，体现出科技与时尚感。购买这一类的产品，消费者大多喜欢通过直接看到内盛物来感知产品的质量与功能。对于这一类形象较为具体的产品，广告语不是最重要的，消费者关心的是如何能够真实准确地了解商品，这就要求在包装设计上，视觉元素的表达往往通过摄影的手法真实地展现商品，或是在包装结构的设计上采取开窗的包装方式，以利于消费者直接接触商品。由于不是一次性的消耗品，这一类产品的品牌对消费者来说也是比较关注的方面，所以商品品牌在视觉表现上的显著性也很重要。

八、文教、视听用品的包装设计

文教用品涵盖文化教育类的多种产品，主要包括绘图工具、颜料、各种笔、墨水等各种学习工具。这一类包装在视觉形象的体现上，重点突出文化用品特征，体现文化内涵，设计风格简洁明快，产品的功能性表现明确。例如，在一些文具的包装设计上，因为文具的样式和用途有很大的差别，包装也各具特点。高档文具的包装在体现文化性的同时，更偏重于典雅感。一般性的文具用品，尤其是学生使用的则更倾向于体现出现代的活泼感，常用一些卡通插图来表现。

第五章
新理念下的现代包装设计

包装产业是制造业的一种，它与国计民生密切相关，同时也是我国国民经济重要的基础性、战略性支柱产业。包装作为商品的重要组成部分，其基本功能主要体现在对内装物的外观美化、安全保护、仓运便利以及价格增值等方面。在人们的日常生产与生活中，无论是日用品、消费品，还是工业品、军需品，只要有产品就会有包装，因此可以说，作为一种配套性服务产业，包装产业是我国经济发展引擎的重要动力组件，产业发展状态能在一定程度上集中反映出上下游产业的发展动态，工业增速指标也在一定程度上成为国民经济增速的动态“晴雨表”。

当前，随着以互联网、云计算和大数据为代表的新一轮技术革命带来的深刻变化，我国传统制造业正在力推转型升级，特别是《中国制造 2025》计划的深入实施，更为制造业转型发展提出了重大任务、带来了全新机遇、形成了巨大动力。包装产业作为一种服务型制造业和中国制造体系的重要组成部分，如何突破发展瓶颈、如何实现转型升级、如何提升产业品质、如何增强在国民经济与社会发展中的支撑度和贡献度，都是摆在我们面前的重要课题。由工信部、商务部发布的《关于加快我国包装产业转型发展的指导意见》对此提出了战略性框架和原则性意见，形成了助推包装产业创新发展的顶层设计。

第一节　绿色包装与可持续发展

一、可持续发展理念下的包装设计

人类所居住的地球的自然资源有限且生存的环境也有限，而我们人类却要在这里长期居住，面对这样的情况，我们必须坚持可持续发展，坚持与自然和谐相处，坚持保护环境。形成这个观点的前提是必须承认人类是自然界的组成部分，人类和世间万物一起构成了大自然，人与自然相互作用，人类在历史的洪流里繁衍生息，最终形成了当代人类的环境保护意识。现代设计作为意识性创造，属于上层建筑，经济的发展也在一定程度上推动着现代设计的发展与完善，现代设计不仅提高了我们的生活质量，改变了我们的生活方式，也影响了我们的生活环境，加速了自然界资源的消耗速度，对自然界的生态平衡产生了毁灭性的破坏。

就是在这样的背景下，绿色设计应运而生，被人们广泛推崇的绿色设计理念一时间成了跨地域甚至跨时代的设计理念，成为风靡全球的设计思潮。目前，许多包装大量耗费着自然资源，这些包装或不能循环再利用，或会分解出许多有毒有害的物质对环境产生污染，长此以往，在自然界形成了恶性循环。绿色设计这一理念是人们在关注环境、意识到要保护环境的时候产生的，并日渐成为一种文化。这种文化不仅关注着包装的材料，也关注着人与环境的彼此协调的关系，也是人们对自己造成的生态环境遭受破坏问题的反思结果。这种思想体现在现代包装设计上，就是要大力提倡绿色包装设计。推崇包装的时候采用绿色材料，进行绿色包装，倡导绿色文化是包装设计课程中不可或缺的课题。

绿色文化的出现是对传统观念的推翻和重塑，是一种观念的变革，也是一种理想型的设计文化，它对包装设计师提出了全新的要求，要求设计师们摒弃之前那些标新立异的“创新性”思想，把创新性的思维放在更有用、更有意义的地方，用更加负责任的态度来对包装进行设计。因此，包装设计师需要有极强的环境保护意识和责任感，在保证包装的结构、功能之外，在充分考虑其印刷工艺和美观的视觉效果之外，尽可能地使包装简洁、经济、实用、合理。绿色包装设计不仅要求经济合理，在一定程度上降低包装的成本，还要求不会对环境造成污染，因此包装设计必须将人与环境的平衡关系放在第一位，以全新的理念对包装进行设计，用直接或间接的方式减少包装对环境产生的污染。

二、绿色包装设计的意义

绿色包装之所以为整个国际社会所关注，是因为人们认识到了产品包装给环境污染带来了越来越多的问题，不仅危害到一个国家、一个社会、一个企业的健康发展，影响到人的生存，还引发了有关自然资源的国际争端。绿色包装的必要性和积极意义主要体现在以下几个方面。

(一)减轻环境污染,保持生态平衡

包装废弃物对生态环境有巨大的影响,一个是对城市自然环境的破坏,另一个是对人体健康的危害。包装废弃物在城市污染中占有较大的比例,有关资料显示,包装废弃物的排放量约占城市固态废弃物重量的1/3、体积的1/2。另外,包装大量采用不能降解的塑料,将会形成永久性的垃圾,形成"白色污染",会产生大量有害物质,严重危害人们的身体健康。不仅如此,包装大量采用木材还会造成自然资源的浪费,破坏生态平衡。

(二)符合人们绿色消费的思想

随着大家环保意识的逐渐增强,绿色包装顺应着这个大趋势满足人们的需要。在绿色消费思想的推动下,人们越来越倾向选择绿色产品,生产厂家制造的具有绿色标志的产品也更容易卖出去。

通过WTO协议中的《贸易与环境协定》,我们了解到,其实很多国家非常看重商品的包装,甚至特地针对包装制定相关规定,并强制说明只有当商品包装符合进口国规定的前提下,才可以进入本国进行售卖,以法律法规的形式限制着商品的包装,并对其进行强制性的监督和管理。就拿美国举例,其法律就明确规定了甘草和竹席的材料不能被用作商品包装。也正是这个规定,推动着生产厂商去制造更加符合规定的包装。

(三)避免商品输出受阻

此外,绿色包装还有利于商品通过全新的贸易壁垒,成为重要的出口途径。目前环境问题越发严峻,国际标准化组织(ISO)针对此提出了相应的标准ISO14000,并成了国际贸易中非常重要的非关税壁垒。"欧盟生态标志"在20世纪末也被欧洲共同体提出,并指出绿色标志必须要通过向各联盟国家申请的方式才可以获得,商品若是没有绿色标志,那么在对同盟国家进行商品输出的时候会受到一定的限制。

(四)实现包装工业可持续发展

想要包装工业走上可持续发展道路,唯一且最有效的办法就是采用绿色包装。现在可持续发展的经济所追求的是"少投入、多产出"的经济模式,也是集约型的经济模式,绿色包装可以使资源利用更加全面,让环境和人的关系更加和谐。甚至有专家指出,在未来,"绿色产品"将会引领整个市场潮流。而"绿色包装"自然成为社会持续发展的主要研究任务。积极研究和开发"绿色包装"已成为我国

包装行业在新时代面对的必然选择。

三、绿色包装材料

从上述可持续发展观的要求范畴来看，包装设计实质上是被要求在整个大背景系统下来开展的，这个背景包括社会经济背景（意识到控制人口的同时改变生产、生活方式）、哲学理论背景（意识到走出人类中心主义、树立人与自然共存发展观）和生态学背景（意识到生态系统具有既定的物质流、能量流和信息流）。对于设计者来说，围绕这一背景，首先要解决的是包装材料的选择。

（一）包装绿色材料出现的影响

绿色材料的出现，首先会产生物理层面的影响，其影响内容主要有以下几个方面。

1.使用模式上的改变

新型包装和传统包装相比，它可以改变传统包装的使用模式。众所周知，传统包装是一次性包装，使用寿命非常短，这是一种会对环境产生破坏的使用模式，用绿色材料制作的包装，则有效避免了这个问题，它可以重复循环使用，这不仅减少了对环境的破坏，降低了对环境的污染，而且为工厂节约了制作成本，减少了资金的投入。

2.体现了科学的进步和包装的人性化

绿色包装使包装结构更加合理，拆卸包装更加方便，减少了不必要的人力劳动的同时还节约了时间，无须使用工具，自然也避免了使用工具的时候对包装物的伤害。

3.使产品包装结构优化

举例来说，针对一些大型的产品，倘若采用塑料进行包装就显得非常不合理且不环保，因此我们可以选择用塑料木材对其进行包装，对产品有一定保护作用的同时还非常环保，还可以使四块侧面形成坡面简化包装；同时，在底座和顶盖四周与侧板螺栓连接处的搭扣也可采用开口式设计，形成优质的包装结构，使得在紧固螺栓时只需旋松几圈便可完成，节省了装卸螺母的时间。

4.有利于商品的保护和运输

以功能性包装为例，功能性包装的材料有很多，比如微孔透气保鲜薄膜、选择透过性包装薄膜、多功能热收缩包装薄膜等，它们要么在强度或耐热性上完胜传统包装材料，要么在韧性或阻渗性方面有着很好的性能，并且都属于无菌类型的包装材料，都可以使所包装的商品在无菌的前提下，不添加任何防腐剂或冷藏，最大限度地保留了食材原有的口感以及营养成分，在方便运输的同时也增加了食材的保质期。

5.包装功能的扩大也在一定程度上依赖于绿色材料

绿色材料和传统材料相比，在使用属性的方面有着或多或少的完善与改进，这种完善与改进自然也使得包装材料可以应用的物品范围更加广泛，内容也更加具有多样性。就拿纳米复合材料来说，与传统材料相比，纳米复合材料耐磨性更好，硬度更强，阻透性与可塑性等性能都有所提高，对一些需要防静电、防电磁、防爆炸的商品来说，就是一种非常好的选择。综上所述，绿色材料在传统材料的基础上还在性能方面有所提高，可以更好地满足消费者对包装的要求。

其次，绿色包装的出现对包装功能方面也有着一定程度影响，这种影响通常表现在商品信息的传达方面。

材料是产品包装的载体，有着将产品内容传达介绍给消费者的责任，同时，不同的材料具有不同的属性，不同属性又有着不同的特征表现，设计师们通过对其的了解利用，将它们和消费者心理结合起来加以考虑，最后达到某种艺术效果。包装设计不仅涉及艺术范围，还涉及技术范围，是设计师们在一定的审美理念的指导下，使产品包装达到经济价值和审美体验的平衡。包装是技术和艺术共同作用的结果，它具有一定的审美属性，也具有一定的实用属性，针对包装所涉及的艺术属性，绿色材料的出现给了设计师们更加宽广的艺术设计空间，使包装设计更加多样化。

正如现在设计界兴起的数字智能化包装，它将成为未来包装的一种发展趋势，但是要将这种包装形式多样化，并用于实际的生产生活中，绿色材料、新技术是一个非常关键的因素。因为，在数字智能化包装中，特别是生物材料的智能化，它将完全依托在这种生物材料的基础之上。所以对设计师来说，其思维、创意不得不受这种绿色材料、新技术的影响。

器械化和工业化的生产让人们开始追求天然的真实，开始追求自然美。在人们的这个偏好上，绿色材料完全与这种观念契合，其出现赋予了之前机械化的单一的包装设计生命力，使之成为完全没有工业化影子的艺术设计，这在一定程度上表现出了人们的文化需求从工业化到人文化的转变。与此同时，绿色材料不是枯燥单一的，它还具有丰富性和多样性，可以满足消费者追求时尚、追求新颖的心理。因此，绿色材料符合当今文化的多样化特征，为人类在产品包装追求多样性提供了现实的可能；这种可能性又反过来促进了这种思想的发展，使人们更加注重包装自身的价值和对自然的追求。

绿色包装材料的出现对包装设计总是有有或多或少的影响，这些影响建立在解决包装的功能性要求的基础上。在包装设计中，需要解决的首要问题就是保证包装的功能性。这个问题的解决办法有很多，比如对结构造型进行设计、对图形图案进行设计，都不失为一种好方法，只是这些方法都有一定程度的局限性，究其本质就是这些方法都试图从外观上对产品包装进行改变，完全没有涉及包装本身的特征特性。当代社会是一个讲究可持续发展、环保和追求绿色发展的社会，在这样的大环境、大背景之下，我们在进行包装设计的时候，要考虑到包装的环保性和节能性，这就需要通过包装的物质载体——包装材料来实现。

包装材料的出现对整个包装行业来说是一个不可多得的机遇，它的出现给包装设计提出了全新的要求。绿色材料的产生，使得包装材料的种类更加纷繁复杂，也使得包装设计实践有了更多的创意空间和发展空间。要想在包装设计的时候更好地利用绿色材料，设计出具有创意的包装设计，就需要包装设计者有极高的专业素养，可以对材料进行甄别和选择，在包装设计的过程中充分发挥绿色材料的科学性及实用性，设计出实际好用的包装。

最后，绿色材料对包装设计科学性、审美性和适应性方面均提出了相应的要求，但根本点在于设计的创新性。要求建立在绿色材料基础上的造型、结构和装潢设计都必须善于利用本土传统的艺术风格特色，并加入鲜明的时代特征，以全新的视觉形象和文化冲击力，使绿色材料包装集现代与传统、实用与艺术于一体。

(二)绿色包装材料选择原则

社会发展至今，选材的重要性仍不可忽视，它是可持续发展观对包装材料的第一项要求，选材的成败关系到包装材料能否在可持续发展的基础上同时保持预计的经济效益。

在可持续发展观的引导下，包装材料的选材应当遵守的原则如下：第一，包装应尽量选择可循环材料，而不选择传统的一次性材料；第二，对于那些不可循环但是又非用不可的材料，尽可能减少其使用的数量，再设计一个相对应的循环再生系统，对使用的材料进行焚烧或掩埋，且必须对数量进行严格控制，使其处于不活泼的状态，也正因为如此，我们必须首先选择那些对环境友好、与环境协调性良好的绿色材料，这才是包装设计的大势所趋，也是解决环境问题的唯一出路；第三，在对包装材料进行选择的时候，尽可能地精简材料种类，这样不仅可以使包装进行加工的过程更加简便，还有利于包装的回收，使包装材料进行循环再利用，这样的理念在金属包装中应用最为广泛。此外，可自然降解的材料也是一个不错的选择，这种材料可以在光合作用下自发进行降解，最后被大自然吸收，不会对环境造成任何的污染。

依据绿色包装的定义和相关内容，对材料的选择也有相应的要求，即用材要最省，废弃物最少，能节省资源和能源；使用易于回收再利用和再循环的材料；使用能够易于处理的材料，废弃的材料燃烧能产生新能源而不会造成二次污染；多使用能自行分解的包装材料，不污染环境。

（三）可持续包装材料

在包装材料的选择上还可选用一些自然材料，如用纸、木、竹、陶等，对它们进行雕琢加工，设计制作成各种包装物。或保持材料的原汁原味寻求自然之美；或略加修饰而不夺天然之美；或精雕细刻体现人文之美等，都体现出了设计中的环保意识和可持续发展观。再如，纸类材料是包装中应用比较广泛的一种材料，纸的主要原料是天然植物纤维，在自然界中会很快分解，并可回收再生，环境污染程度低。如今，许多包装设计都选用再生纸品，体现出现代人关注环境的意识在逐步增强。此外，使用自然材料，人还可以从这些材料的视觉、触觉的感受中亲近大自然，体会自然纯朴的气息，这也是包装体现出的对人性的关怀。

总的来说，绿色材料是指可回收、可降解、可再次循环利用的材料，对环境无害，或者至少把对环境的负面影响降到最低，尽最大可能节约资源，减少浪费。绿色材料应具有的必要特性如下。

第一，在材料的获取方面，无论是从石油中提取的塑料、金属中提取的墨水，还是用木头做成的纸和用复合材料制成的板材，在提取的过程中，都必须做好保护环境的工作，整个流程必须是符合可持续包装要求的。更重要的是，不应该再去开采一些珍贵而无法恢复的自然资源，如古老的原始森林。

第二，绿色材料必须是低毒性甚至是无毒的。这一要求贯穿着大部分包装设计的过程，例如，在纸张的制作中，最重要的就是纸张漂白和纸浆制作的过程，这其中会产生一些有害物质；墨水在制作过程中产生的大量可挥发性物质尤其令人重视，因为这些物质往往是有毒的；塑料在制作过程中需要考虑的是塑料材料本身所具有的毒性。因此，必须正确处理这些有毒的废弃物，而处理的源头就是减少使用或不使用有毒的包装材料。

第三，绿色材料的制作应利用可再生能源。可再生能源包括太阳能、风能、生物能和地热能。由于包装制作和运输过程需要耗费大量的能源，因此，我们需要改进包装材料对能源的利用模式，以减缓传统不可再生能源减少对环境造成的严重影响。

第四，绿色材料应是可被回收利用的。绿色包装设计中使用的材料都必须可以在某种程度上被重新使用，而这也是一种提高经济效益的方法，企业可通过材料回收来减少废品的产生。例如，从固体废料中找到有价值的金属材料进行二次利用，从而降低成本，并且提高材料的生产率。

第五，绿色材料应该是有机的。有机材料往往是可降解、可循环使用的，是一种理想的绿色材料。有机材料能够提示消费者自觉处理废料，如用来照料自己的花园；有机材料还能为企业提供新的发展思路，如有些公司把废弃包装作为自己的品牌与其他品牌的区别点，这是提高品牌辨识度的好方法，同时还能获得那些重视绿色环保客户的青睐。虽然有些公司还不能让包装变得完全有机，但是也已经开拓了有机包装材料的市场。

1.有机材料

(1)竹子

竹子是一种优质的家居用品材料，因为它坚固、耐用、环保，并且材质轻巧。竹子外形笔直、挺拔，质地坚硬又具有很好的柔韧性，且生长迅速，一直以来都是非常理想的建筑、编织材料。用竹子做包装材料，其优势主要在于：首先，竹子经处理后，可以长久保存而不变形、变质，竹质包装是可被多次重新利用的，其生命周期很长，消费者在使用竹质包装的产品后，通常都会赋予包装新的用途，而不是丢弃，而且即使被丢弃，也能很容易被降解；其次，竹子本身的特点也使其成为一种良好的材料来源，由于竹节是中空的，可以作为天然的包装盒，且灵巧轻便，而竹条可以进行编织，竹叶可以用来包裹，再加上竹子具有十分优美的纹理、自然的色泽、清新的香味，因而，用竹子做的包装往往会显得独具匠心，十分引人注目，无疑能为其包装的产品增加卖点，成为绿色产品的优秀代言人。

(2)有机作物

以有机作物作为原料，可以保证包装材料纯天然无毒无害，且对环境也不会造成污染。比如玉米塑料，用这种有机材料制成的日常生活用品和其他工业品，都能够在使用后完全降解成二氧化碳和水。因此，人们又将玉米塑料称为“神奇塑料”。在21世纪初的日本爱知世博会上，日本企业展示了玉米塑料制成一次性餐盒、饮料杯、食品包装袋、塑料托盘等由生产、使用到降解的全部过程。

与此同时，玉米塑料不仅环保，而且还能解决玉米因积存而产生的浪费问题，因为玉米在储藏两年后，就会产生致癌物质而无法食用，所以必须寻找另外的使用途径才可不至于浪费，而玉米塑料就是其最好的归宿。通常包装瓜果蔬菜的都是塑料袋或塑料薄膜，会造成难以降解的环境问题。塑料本身具有的毒性也会污染果蔬产品，而消费者往往会直接食用这些产品，尤其是用保鲜膜包装的鲜切水果、即食快餐、糕点之类的产品，这些都会影响到消费者的健康。

除了玉米，其他快速生长的植物、农作物的副产品，如香蕉皮、甘蔗渣等也能成为不可降解材料的替代品。农作物的废料常常会被焚烧掉，这不仅增加了温室气体的排放，而且也是一种资源浪费。用一些农作物的果壳之类的"废料"制成包装材料，如包装纸，既是对资源的有效利用，也是一个新的并且十分具有竞争力的市场，因为我们有非常多的"废料"。从市场的角度来看，使用这些所谓的"废料"制成的包装纸还能为产品提供良好的商机，如用香蕉皮制成的纸箱更具有新鲜感和独特性。另外，一些植物，如棕榈、洋麻等生长的速度快，且不需要太多的养分和水，也是很好的包装材料。

2.木质材料

木材是一种坚固的材料，能重复使用，可作为鱼、新鲜水果和蔬菜的包装。

木材应用广泛，在包装方面的用量仅次于纸。木材具有很多其他材料无法比拟的优越性。首先，木材机械强度大，刚性好，耐用，负荷能力强，能对产品起到很好的保护作用，能包装精致小巧的产品，同时也是装载大型、重型产品的理想容器。其次，木材弹性好，可塑性非常强，容易被加工、改造，可被制成多种不同的包装样式，也可达到多种造型要求，从厚实的板条箱、较薄的胶合板，到十分轻巧的薄木片，无论方形、三角形、圆形或不规则形，天地盖、翻盖还是抽板，只要有设计意愿，几乎都可以做到。最后，木材包装可被多次回收利用，即使成为废品，也还可进行综合再利用。另外，木材包装带有淳朴的纹理和天然的色彩，无须再进行过多的外观设计，就具有很好的绿色环保形象。

当然，木质材料也有其不足，主要是易燃，长期使用后易变形、易被蛀蚀，而且大型木板箱大多不可折叠，易吸湿，不能露天放置，从而给贮藏和运输带来诸多不便。同时，生产机械化程度也不高。更重要的是，木材资源日渐缺乏，亟须加以节约和保护。木质材料包装主要包括以下两种。

(1)盒装设计

盒子可用于运输散装和小包装的食品，为商品的保存提供了较好的条件。小型木盒因其古朴厚重的质感、精细的做工、考究的用料、精美的外观和多样的造型，经常被应用于高档消费品的包装，如茶叶、酒品的礼盒与保健品、化妆品等，是一种具有极佳的观赏性和应用性的包装形式，并且很容易被消费者收藏或再利用。

由于原木的价格偏贵，为了节约成本，现在木盒多以胶合板、中密度纤维板来代替原木，既节约了成本，又获得了不亚于原木产品的质量。

(2)板条箱设计

板条箱包装灵活性很大，能根据情况进行相应的处理。板条箱通称围板箱，是一种可拆卸木箱，其长、宽是根据底部托盘的尺寸确定的，托盘大小、使用的木板层数可根据产品的大小高度来决定，这样能最大限度地提高箱体空间的利用率。围板箱不会因为箱体的部分损坏而导致整个箱体报废，只要是同一尺寸的木板，就可实现互换修补，这样可以在很大程度上解决木箱包装的浪费问题，节约木材资源。最后，围板箱在运输时可将围板折叠为双层或四层相连的木板，摆放在托盘上，这样就大大地减小了储运体积，能有效地降低运输成本。

3.纸质材料

现在越来越多的包装设计采用纸质包装设计，这是可持续发展的必然要求，也是大势所趋。全世界对于纸和纸板的需求也处于不断上升的趋势之中，这是因为纸质包装是百分之百可以回收再利用的，纸所特有的可再生、可降解的性能使其成为包装材料中备受好评的一项，成为不可替代的环保材料。虽然纸质材料有诸多优势，但是纸这种材料在生产过程中也会对环境造成一定程度的污染和破坏，尤其是水质污染和木材的消耗。世界各国对纸的消耗越来越大，所带来的环境问题也使人们不得不去考虑，如何对纸的加工过程进行优化和提升，使其尽早实现无污染；在资源层面，则需考虑优先选择可回收利用的纸，需要促进废纸收集系统的效率，减少能源的消耗和对森林的破坏。

4.可降解材料

可降解材料是一类能完全被自然界中的微生物降解的材料，其最理想的效果是能被完全分解成水和二氧化碳，达到对环境无毒无害的效果。

(1)蛤壳式包装

蛤壳式包装是由生态友好、可再生的甘蔗渣制成的。甘蔗渣是甘蔗的副产物，如果没有得到合适的利用，就会成为污染环境的固体废料。其实甘蔗渣可以完全被回收利用，是一种并不昂贵的能量原料。甘蔗渣用途广泛，不仅可作为燃料，经处理后还能作为牲畜饲料，通过压模成形还能制成快餐盒、一次性碗碟。此外，由于其富含纤维，因而还可以用来造纸。把一棵坚硬的树变成柔软的纸张需要花费多少能量？比如使用竹子，需要花 4 倍的能量才能变成纸，这样的纸没有可持续性。而 100％使用甘蔗渣制纸可以更环保，并且用甘蔗渣做成的蛤壳纸盒不需要胶水。总之，甘蔗渣制成品有十分好的可降解性，一般废弃后 180 天就可完全降解，不会对环境造成影响。

(2)未漂白纸

在使用可再生资源的造纸生产过程中，漂白是造成污染的主要来源之一，其中漂白过程中混入的"氯"具有很大毒性，因而要坚持无氯的包装。未漂白纸不产生有毒性的氯，有些通常使用二氧化氯来代替氯元素，因此减少了约90%的有害产品。未漂白纸用于制造纤维的木料来自可持续的生态森林，而不是从原始森林中采伐获得，甚至有些未漂白的纸板箱的原料是全部采用回收的纸或者纸板制成的纸浆。

5. 可回收材料

可回收材料的使用是减少包装污染和解决垃圾焚烧、填埋问题的根本措施之一。可回收的材料具有更长的生命周期，能发挥更大的价值，能得到更多、更全面的利用，从而缓解资源紧张的问题，尽最大可能提高资源利用率。

可回收材料包括材料自身可以回收或材质可再利用的纸类、硬纸板、玻璃、塑料、金属、人造合成材料等，是包装体现其作为产品的属性的起始点，也是包装走向新生道路的"重生"点。利用可回收材料进行设计的包装设计师，就是赋予包装新生命的创造者。

(四)可持续包装结构简易化

1.运用编织技术的包装

自古以来，编织就与包装有着紧密的联系。在远古时代，人们就懂得利用植物叶、树枝、藤条等编织成类似现在使用的篮、篓、筐、麻袋等物来盛装运送食物。这样的篮、篓、筐、麻袋都是由韧性很强且结实的取自自然的材料简洁编织而成，上面没有多余的琐碎细节，表现出自然材料特有的质朴美感，细竹条的间隙通透、自然，食品放置于其中不易变质。从某种意义上来说，这已经是萌芽状态的包装了。

这些包装应用了对称、均衡、统一、变化等形式美的规律，制成了极具民族风格、多彩多姿的包装容器，使包装不但具有容纳、保护产品的实用功能，还具有一定的审美价值。

编织而成的包装具有以下优点：编织材料廉价并且能够广泛使用；编织材料能够降解，对环境无害；在某些特定场合，尤其是为了迎合中等消费市场时，编织包装能够给人一种传统的、质量优良的形象感。

当然，编织包装也有一些缺点，如防潮性较差，不能防止一些昆虫的进入或微生物的滋生，因此编织包装不适合用于需长时间储存的产品。

2.包裹布的使用

提及包裹布的使用，人们一定会联想到影视剧中经常出现的场景。古代人们习惯将物品用包裹布包起，随身携带。到了当代，包裹布的使用却很少见，它已被其他的包装形式所取代。

3.一纸成形的包装

在产品包装中，45%左右是用纸质材料，其包装形式主要以纸盒造型为主。纸盒包装的优点是轻便、有利于加工成形、运输携带方便、便于印刷装潢、成本低、容易回收。选用纸质材料，可充分发挥纸张良好的挺度与印刷适应性的优势，可通过多种印刷和加工手段再现设计的魅力，增加了产品的艺术性和附加值。

纸盒包装的基本成形流程是印刷、切割、折叠、结合成形。许多纸盒都是通过一张纸切割、折叠和非粘贴而成的，这种由一张纸成形的包装被称为一纸成形包装，在我们的日常生活中可谓随处可见，市面上大部分商品的包装纸盒都是一纸成形的。当我们在面包房购买糕点时，店员将蛋糕从冰柜中取出，放置在一张已经裁剪好的纸上，接着，通过折叠将四面折起形成包围的盒子，再通过纸盒四面和顶部锁扣设计将盒子封口固定，这样，一个带有提手的盒子便完成了。当我们在快餐店购买外带食物时，店员也会将食品放入已经折叠好的纸盒中，只需盖上纸盒的两面，并且通过固定，便完成了整个包装。这样的纸盒也是一纸成形的。

一纸成形的包装通常会预先裁剪好并且刻有折痕，这样在使用时便能精确又方便地折叠成形。纸质的包装能够回收再利用，大大减少了材料成本。一纸成形的包装主要有如下几种表现形式。

①弯曲变化

这是对面型改变其平面状态而进行弯曲的变化手法，弯曲幅度不能过大，从造型整体看，面的外形变化和弯曲变化是分不开的，同时面的变化又必定引起边和角的变化。

②延长变化

面的延长与折叠相结合，可以使纸盒出现多种形态结构变化，也是常用的表现方式之一。

③切割变化

面、边、角都可以进行切割变化，经过切割形成开洞、切割和折叠等变化。切割部分可以有形状、大小、位置、数量的变化。

④折叠变化

面、边、角均可进行折叠变化。

⑤数量变化

面的数量变化是直接影响纸盒造型的因素，常用的纸盒一般是六面体，可以减少到四面体，也可以增加到八面、十二面体等。

⑥方向变化

纸盒的面与边除了水平、垂直方向外，可以作多种倾斜及扭曲变化。

4.赠品包装

当今市场的竞争日趋激烈，很多厂商为了占据市场，运用了许多促销手段，例如买一送一，以买一件大包装的商品送一件小包装商品或礼品的方式来吸引消费者，使消费者产生购买欲望。这种促销形式在超市、商场比比皆是。虽然这种促销形式能够促进销售，但商品包装随之也增加了一倍，成本也提高了许多。

因此，从降低包装成本、节约材料的角度，可以对包装结构进行适当的改进。将两个以上独立的个体包装设计成具有共享面的连体包装，将商品包装同赠品包装的独立结构连接起来设计成连体的单个包装，就可以节约两个面的材料。这一方法尤其适用于纸质包装。

第二节　基于“人性化”理念的包装设计

设计的根本目的是为人服务、满足消费者的功能和心理诉求、协调人与技术的关系、提升人的生活品质。作为与消费者发生直接联系的商品包装，在设计过程中应根据人的生理需求和情感需求进行发掘、整合和优化，体现在与人的行为相关的方方面面。例如，包装的提手、拉环、封口等设计，应考虑到消费者携带、开启、储存等的条件。

在包装设计领域，设计的主体是人，产品销售的对象也是人，包装设计既要基于专业角度的思量，又要面对市场和消费者的考验，以此为据提出“以人为本”的理念。

一、设计师视角的引导

在包装设计中，设计师是设计链条中的核心，具有设计者和消费者的双重身份。现代社会的商品琳琅满目，其包装样式也是种类繁多，有的包装极尽奢华，采用最先进的材料和印刷工艺；有的包装草草了事，只是尽到了保护商品的单纯功能,有的包装设计似乎做到了设计理念和包装工艺的统一,但真正打动消费者的不多。面对此种境况,人性化包装设计被提上了日程,设计者讲求以设计打动和温暖人心,以便更好地实现商品的销售。

作为设计师,以专业的视角和素养,扮演着引导消费潮流的角色,唤起大众对消费习惯和生活理念的关注,甚至可以提升大众的审美品位。作为消费者,察觉和体验生活中的需求,进而以专业视角进行分析。个性化包装是设计师面对琳琅满目和缺少变化的商品包装时,所提出的解决方案;个性化包装的诞生是设计师求新求变的专业需求,也是消费者个性张扬的需求,两种需求合二为一就产生了个性化包装的最终结果。这种结果既满足了设计师和消费者的需求,也丰富了包装设计领域的成果。

二、消费者主体的需求

消费者主体的需求分为生理需求和心理需求两大部分。生理需求是人的第一需求,即人的基本需求,是人类赖以生存的基本条件。只有先满足了基本的生理需求,才会有其他更高层次的需求。在日益丰裕的现代社会中,物质产品极大丰富,消费者不再仅仅满足于生理需求,而产生了心理等层面的需求,这也是个性化包装的源头。

人性化的包装设计是从人的心理需求角度来探索设计的可能性。消费者通过选择个性化包装来获得归属感和认同感,来宣扬自己的与众不同之处,从而在心理上得到安全和尊重。因此,消费者主体的需求在某种程度上影响着个性化包装甚至是包装设计的发展趋势。要想设计出人性化的包装设计,首先要了解消费群体的心理、需求等,以便于不同的消费群体走进商品或超市,能在最短的时间内找到自己需要的商品,这就需要设计师通过色彩、结构、版式等元素传达商品信息;其次是包装结构使用的便利性,例如购买后的提携和使用,不会给消费者造成负担,反而会给人带来使用的愉悦感;最后是对于商品整体的五官感知,包括舒适的触感、让人放松的嗅觉体验、具有吸引力的视觉感受等,让人们在接触时能够身心愉悦。人性化包装设计不仅考虑包装的基本保护功能,而且从“人”的视角出发,了解人的需求,探索人的心理,符合人的感受,设计师需要将这些体验转换成各种物质元素呈现在包装设计中,与消费者需求相呼应。

第三节　基于传统味道的民族化包装设计

传统民族文化是一个民族宝贵的物质与精神财富，长期形成的丰富的视觉元素已成为民族的视觉符号，体现了一个民族固有的特质，书法、皮影、剪纸、年画等中国传统艺术形式，因其鲜明的本土文化特色至今依然受到人们的青睐。利用传统符号作为表现元素，不仅能够体现情感的寄托和满足特殊商品的需求，还可以体现传统文化的价值和意义。包装的色彩、图案、文字、材料等融入传统元素与风格，多是为了彰显自身的文化，从而引发消费者的身份共鸣，以及不同民族消费者的认知。

一、设计中国风包装的意义

随着中国经济的快速发展及消费市场的繁荣，现代消费已不再仅仅停留在购买活动本身，而是上升为一种社会文化现象。消费的档次、样式、色彩等选择也体现出消费者的更高层次的品位要求。当人们追逐回归理性之时，人们对挖掘中国传统元素并将其应用于产品包装设计投入了越来越多的关注，民族化包装也日渐受到人们的青睐。对中国的设计界与企业界来说，如何设计出“中国风”产品并将其成功地推向市场，已成为企业在国内、国际竞争中的重要设计战略。

中国是有五千年文明的国家，传承下来的文化元素数不胜数，对传统元素的应用和对传统精髓的把握，是设计师取之不尽的设计宝库。但是传统元素的应用，并不是把传统的元素直接移植到现代设计里，而是从博大精深的传统文化中吸收形、神、色等的精髓，并融合现代包装设计的技术工艺，在此基础上寻求具有民族风格的设计创新思路。

对消费者个体来说，民族化的包装可以让部分消费者产生认同感。现代工业化的钢筋混凝土中，各种商品铺天盖地，让物质生活极大丰富的同时，引发了人们内心有对纯朴拙真的渴望。民族化包装设计的出现引起部分消费者的共鸣，迎合了他们的需求，并产生购买消费的结果。从更高的层次来讲，民族化包装设计不仅是设计领域的问题，更是国家走“中国创造”之路的方式之一。我们国家现在处于“中国制造”的阶段，包装设计处于初级阶段，要实现文化多元化和迈向国际化，就必须进行民族化包装设计的探索和创新。在区域文化激烈碰撞下，设计师必须要以本民族文化为根，吸取外来文化中的可取之处，才能立于国际设计舞台。从近几年来世界级别的包装竞赛可以看出，获得国际奖项的中国设计师的作品，无一例外都是以中国传统文化为切入点，采用传统材料或传统工艺，展示了我们传统文化元素中的优秀基因。

总之，民族化的包装具有经济活动和文化意识的双重性质，它不仅是获取经济效益的竞争手段，也是商品包装企业文化价值的体现。这也要求我们的包装设计要形成一种中国精神和具有识别性的独特气质，而不是表面化地图解传统和生搬硬套的设计应用。一味沉溺于传统符号的表层会使我们迷失在昨天和今天的断层之中，不利于我们在包装设计领域真正实现由“制造”到“创造”的本质性转变。

二、民族化包装设计的形式和语言

包装设计活动本身离不开相应社会价值观念的约束，它根植于一个民族的处世态度和生存哲学之中。民族化包装设计为了能够合理地运用现代的包装设计手法，表现民族化的设计风格，通常会在民族化的包装设计过程中形成和发展自身特有的形式和语言。

（一）名称

产品的名称如果与产品的属性、社会习俗相协调，则可以使人产生联想，并体现民族语言的特色，加深消费者对产品的印象。具体到产品包装上讲，其名称的设计要与产品特征、属性相结合，绝不能生搬硬套。如国内的金六福、美的、汇源、娃哈哈、农夫山泉等商品名称，都能使人产生一种美好的联想和回味，在一定程度上也加深了消费者对产品的印象。

（二）造型

中国传统造型一般是以自然物的基本形态为基础，对其进行概括提炼和组合，按创作者意图进行选择搭配，并按照形式美的法则加以塑造，以达到圆满、流畅、明丽等优美的效果。

在包装设计中，不少包装造型从传统造型中汲取营养，来展示其中国文化风貌。设计师经常会通过模仿青铜器、瓷器的形态以及民间葫芦等的形体结构，来设计一些调味品、民间特色小吃的包装形象。这些包装不仅外观形象具有传承性，而且具有深厚的民族文化底蕴。比如“酒鬼”酒的陶罐造型，秉承了我国陶土文化的精髓，给人以纯朴敦厚的视觉和心理感受，使“酒鬼”酒拉开了与同类产品的距离，赢得了市场。

（三）材料

传统包装材料的选用以方便、环保为基本准则，如竹篾、木材、植物藤条、荷叶，等等。另外，丝绸、绳线等的使用在“中国风”包装设计中也显示出了其特有的功能，既能够起到开启、捆扎、点缀画面的作用，还能凸显民族文化特色，拉近与消费者的心理距离。

（四）汉字

中国的文字有叙述的功能，也有装饰的作用。书法艺术源远流长，字体变化无穷，整体而统一，具有极高的审美价值和艺术特征。篆书古朴、高雅，隶书活泼、端庄，草书潇洒自如、气势灵活，黑体粗犷、醒目，各种字体具有不同的特点，在包装设计中要恰当地运用各种字体，体现出设计语言的符号性特征。设计文字遵循以下原则：书写方式打破常规；文字处理形象化；设计书法通俗化；设计形式简洁化；细节处理要精彩。这样可以使之和产品相互呼应，达到锦上添花的效果。

（五）图形

我国传统图形因具有鲜明的地域性和民族性特色而尽显中华民族个性。我们要汲取传统图形营养，首先要以切合包装设计主题为前提，可以借用相应的具有象征意义的传统图形来表达某种意趣、情感，或是对传统图形的某些元素进行转化、重构，或者将传统的设计手法渗透现代的图形设计之中，使其既富有传统韵味，又具有时代精神。

在包装设计中恰当运用云纹、凤鸟纹、彩陶纹和白鹤、双鱼、泥人等传统纹样和图案，可以凸显该地区的民族特色。还有如“红双喜”常应用于婚庆包装，牡丹用于月饼包装表达富贵，“万寿纹”用于贺寿礼品包装等。

（六）色彩

中国民间用色素有“红红绿绿，图个吉利”粉笼黄，胜增光”等口诀。在包装设计中，设计师常常对远古时期人们所喜欢的某个特定的色彩情有独钟，通过选择其作为包装的主要色彩，以提升现代商品的文化价值。例如，节庆时期，食品礼盒多采用中国传统的颜色——红色作为礼品包装的主要颜色，既可以营造节日欢快的气氛，也可以引发消费者产生联想，达到宣传商品的目的。

三、民族化包装设计的文化特征

包装设计风格的形成，除去主观因素的作用，更多地依赖于社会、经济技术条件以及文化的语境。借助文化分层理论，我们可以深入风格背后的组织机制以及价值观念的层面，全面探讨包装设计风格形成所依存的各种外部条件和支配逻辑。准确地把握中国传统包装具有的特征，对于解决正在发展的“中国风”包装设计中所出现的某些问题具有十分重要的意义。

（一）生活经验驱使

我国传统包装从选材的扩大到工艺的改进，得益于人们对自然界认识水平的提高和科学技术的进步。人们在长期的生产实践中，逐渐认识到了草茎、树皮、藤等柔韧性植物可以用于纺织，所以用稻草、芦苇、树皮、藤等编织成绳子、篮子、筐子、箱子，这些东西在古老的包装中扮演了十分重要的角色，成为中国古代包装中主要的用材和形态。与包装所使用材料的不断扩大和增多所表现出来的特征相同的是包装制作过程所运用的工艺进步以及包装所发挥的作用、效用愈加重要，这也与人类社会的发展同步。

（二）突出地域特色策略

随着人们生活水平的不断提高，消费者越来越看重包装设计所蕴含的文化内涵。许多地方特色商品，多以其风土人情符号作为宣传重点，在包装设计中借助典型的地域性图形、文字、色彩、材料等表现元素强调商品特色，以提高产品的认知度。例如，北京特产“蜜饯果脯”，其包装设计就采用了京剧、名胜古迹、地标建筑等视觉元素来体现浓郁的北京特色。

第四节　基于用户体验的交互式包装设计

包装设计的发展过程也反映出了人类文明与科技的发展。包装从远古时期起源，原始社会的人类用自然界中寻得到的有效材料来包装物品，如葛藤、叶子、贝壳、兽皮等，这时的包装主要是起保护、存储、方便运输的实用功能。待生产力与技术有了一定发展之后，人们用编制的筐篓、煅烧的容器来盛装物品。这一时期的包装在艺术方面已经呈现出对称、均衡、统一变化等形式美的规律，除了基本的实用功能，还兼具了审美价值。伴随着工业时代的来临，出现了多种可利用的包装材料，如玻璃瓶、金属罐、纸箱、纸盒等，大大丰富了包装设计的应用范围，包装除了基本的实用功能、审美价值以外，还起到了说明产品、招徕顾客的作用。

进入 21 世纪，商品的种类随着人们日益提升的物质生活和精神生活而丰富起来，商品消费形态从卖方市场向买方市场转变，用户对包装的要求也逐渐提高，他们渴望“参与”“体验”和“感受”，交互式包装设计正是在这样的时代背景下悄然而生的。

一、交互式包装的定义

随着社会的发展、人们阅历的增加，仅以图像、文字等形式呈现的简单包装已经不能达到吸引用户、促进消费的目的。在这样的前提下，交互式包装设计渐渐兴起。它是集可用性工程、心理学、行为设计、信息技术、材料技术和印刷工艺等于一身的综合性设计。与传统的包装设计相比，它最大的不同在于注重用户与包装交互过程中的体验，简单地说就是产品包装不仅要有“功能”上的作用，还要有“体验”或“情感”上的作用。这种交互关系能让用户倾注更多的注意力于包装之上，同时还达到了吸引用户的目的。

二、交互式包装兴起的背景

交互，顾名思义，是交流互动的意思，我们生活的社会交互无处不在，离开了交流互动则寸步难行。

以我们一天普通的生活、休闲、工作为例，清晨被闹钟或手机的铃声叫起，起床洗漱去厕所，男人剃须女人化妆，走进厨房做个简单又营养的早饭，然后拎包或坐公交，或挤地铁，或走路，或开车，进了公司刷卡上班，打开电脑使用各种应用处理一堆的文件资料，与上司、同事交流工作上的不同观点，使用网站、软件、消费产品、各种服务的时候，实际上就是在同它们交互。例如，每次拿到新买的产品快递，首先与我们发生交互的就是产品的包装——看到包装、打开包装后才能看到产品。我们一天当中不知道与多少的产品或服务在发生着这种关系，使用过程中的感觉就是一种交互体验。

随着现代社会的发展，传播媒介的更新速度已经大大超越了人们的想象，使得信息在传播中人的因素发挥的作用越来越大，以前消费者处于被动接受的状态，无法与产品之间做到直接的交流，而如今，随着高科技的应用与传播，使得人与物之间的交流成为双向的、直接的交流。在整个信息传播的过程中，人不仅处在接受者的状态，而且处于参与者的状态。这样通过产品这个媒介能将传播者和接受者之间的交流变得更加直接和频繁，二者相互影响和相互作用。

三、交互式包装的设计原则

(一)可用性

包装也是构成产品质量的一个环节，一个合格的包装，设计的前提必须是可用性。可用性是交互式包装设计的最基本要求，也是最低要求。不能用、不可用的包装最终会被替代、淘汰。例如，早期的饮料大多是用玻璃瓶灌装的，但是由于玻璃质量大、易碎，非常不利于运输和销售，所以才有了塑料包装的大量应用。

(二)易用性

交互式包装设计的易用性原则体现在包装的实用性和便利性上。需要设计师从用户的角度考虑，参考用户心理需求、生活习惯、人机工程学等因素设计出符合用户使用习惯的包装设计。易用性是更高一层次的设计原则，对提升用户多产品的认可度具有重要作用。

(三)宜人性

交互式包装设计的宜人性原则强调的是“以人为本”的设计思想，是交互式包装设计最高层次的设计原则。优秀的交互式包装设计应该从用户的情感需求入手，将情感融入包装之中，通过在用户和产品之间建立良好的情感交流来满足用户的精神需求，使用户产生共鸣。

四、交互包装的类型

交互式包装设计包括功能型包装、感觉型包装和智能型包装，这一新的概念的产生，已经超出了单纯的印刷图像的范畴，而是成了产品的一部分，甚至产品的本身。这种包装能给消费者带来强烈的互动感，这样就刺激了消费者的消费欲望，所以这也能给企业带来可观的利润。现在在市面上已经可以看到一些这样的包装，如带有气味的包装、带有纹理质感的包装。在包装不断多样化的同时，交互式包装又给包装领域注入了新鲜的血液。

（一）功能型包装

常见的功能型包装，如抗菌保鲜包装、防腐蚀包装等，是用来解决与内容物相关的包装问题的一种科学方法。一是可以有效地避免内容物被干扰，起到保持内容物稳定的作用。例如采用真空包装的食品，是将包装袋内的空气全部抽出密封使微生物没有生存条件，以达到防腐保鲜的作用。二是为了消除产品自身的某种缺陷和不定性而设计的包装。像防腐蚀包装就是为了应对内容物的腐蚀性，而采用抗腐蚀材料而制成的。

举例来说，比如罐头的真空包装盒，应用这样的包装可以使易于变坏的产品能在货架上保持更长的时间，罐头在真空状态时，盖子上的小按钮是不会弹起的，一旦漏气了，盖子上的小按钮便会弹起，提醒消费者不要购买。还有一种功能型的包装是通过某些配件改善包装本身的缺陷，如在包装盒的封口处加上排空气和气味的装置，这样的包装加附件同样可以延长产品的保质期限。功能型包装可以有效地延长产品的保质期限。

（二）感觉型包装

感觉型包装主要是通过借助一些设计视觉效果、气味、纹理等，让消费者可以在直觉上感触到产品包装，从而使得用户对产品建立一个外部的总体感受。功能型的包装的使用主要是为了保护产品或者更长时间地保持产品的新鲜程度，从而使产品更完好地到达消费者的手里。感觉型包装是从外部给消费者一种直观的感觉，通过这种直观的感觉使消费者能了解到此产品的众多主要的信息，如气味、外包装的机理效果和包装上面的图案视觉效果等。

例如，看到一个有趣的视觉形象会让用户情绪得到愉悦和放松，提升用户对产品的好感度。或者有的设计将食品的气味融合在包装材料上，通过嗅觉的连接使用户和产品之间建立起交互的关系。再如，一些食品产品的外包装通过食品的气味来吸引顾客，如烤面包、烤肉、爆米花等可以提取气味的食品；有的是直接通过食品散发出来，这种食品一般是即买即食的食品；还有一种是将食品的气味提取，以特殊的材料涂抹在食品的外包装上，这样里面的食品得以完好保存，顾客还能通过外包装感受到食品的美味。还有一种包装是类似可口可乐公司的促销装，它的中奖信息在包装瓶环形广告内部，消费者只有购买后将可乐喝完一半的时候才能透过瓶身看到环形广告内部的中奖信息。利用这种包装来进行促销，激发了消费者的消费欲望，又提高了产品的销量。

（三）智能型包装

智能型包装主要是利用包装材料的光敏、电敏、温敏、湿敏、气敏等特殊性能来识别包装空间内的光照、温度、湿度、压力等重要参数。或者通过内部的传感元件、高级条码以及商标信息系统，来跟踪监控产品，从而为用户提供更为精准的产品数据。

也就是说，它可以在包装的内部包含大量的产品信息，它将标记和监控系统结合起来形成一套扩展跟踪系统，用以检查产品的数据。监控的序列号或者科技含量更高的电子芯片嵌入在产品的内部，使其产生更高级、更具精确度的跟踪信息。比如，在运输水果或者海产品的过程中，由于运输条件、温度气候条件的影响，一些产品难免会变质，这时如果在运输的时候使用功能型包装，便可以防止其变质。但这只能说防止其变质的可能性大大降低，对于有些不可避免的损害，如果单纯地只用保护型的包装，可能内部损害了而外部看不见，这将使消费者和商家都有所损失。所以在这类产品运输时加上智能化的监控系统会更好，如在包装内部加个温度感应器或小型细菌数量检测器，通过显示屏在外部呈现出来。这样即使包装完好、内部产品变质损害了，通过外部的显示屏也能显示出来，便能及时地停止该产品的销售。当然，这种包装还是极少数，因为它造价较高。但是随着科技的进步，该类包装会慢慢得到普及。目前，市场上这种可跟踪的产品包装较多地运用在数码产品领域，如一些号称不会丢的手机，主要是因为其内部安装了卫星定位装置，在手机开关机、有无电池的时候都能正常运行，用户只需一个配套的产品序列号和密码就能查询到手机的位置，这算得上我们生活中比较高端的跟踪式包装。此外，还有品牌手机的售后，以往手机坏了，去维修点维修都要出示保修卡、发票证明等单据，而现在不论消费者是在哪购买的手机，需要维修时拿着手机直接去就行了。维修点根据用户手机内的序列号，就可以准确地查到手机的各项信息，非常方便快捷。

五、如何使包装具有交互性

交互关系的建立是通过包装的体验设计是来实现的。包装围绕“交互体验”这一主题展开设计，需要设计师从产品和用户两个方面来捕捉创意的灵感。可以以产品的特征、用途、用户使用产品的行为、情景为出发点，设计出能够引发用户情感共鸣、塑造独特感官体验的交互式包装设计。较为常见的交互关系构建方法有感官刺激、开启方式、情景交融等。

(一)感官刺激

亚里士多德将人体的感官分为五种，即视觉、触觉、听觉、嗅觉和味觉。设计师可以从这些感官刺激入手，将产品的信息传达给用户。比如，带有果味香气的食品就是利用嗅觉刺激让用户非常便利地分辨所选商品的口味；带有凹凸质感的盲文酒标就是利用触觉刺激，让用户了解商品信息。

(二)开启方式

包装是商品的外衣，开启包装是用户在取得感官印象后的下一步动作。开启方式的交互设计可以从开启前、开启中、开启后三个阶段进行设计。开启前要对开启部位进行设计，保证开启装置美观、易用且显眼，让用户可以轻易找到开关并打开包装。开启中就是用户打开包装的过程，这个展开的过程要以方便用户为出发点，体现出对人的关怀。开启后要让用户对商品产生后续的思考和情感上的互动。优秀的包装开启方式的设置，能够体现设计师的专业水平，提高产品的档次，提升产品在市场上的竞争力。

(三)情景交融

当今社会对包装的需求已不仅仅局限于使用功能一项，用户更希望能在包装中得到情感的满足和享受，所以交互式包装设计要注重以情感为依托，融合环境、场景等因素，赋予包装更高的情感价值，使其具有实用艺术和情感互动的双重作用。

六、交互式包装设计的作用

(一)提升品牌价值

优秀的包装设计是产品和用户之间沟通的桥梁。就像人的着装风格可以体现其个性一样，包装也可以体现产品品牌的个性。和普通包装相比，交互式包装更加人性化、更加易于在产品品牌和用户之间建立联系，给予用户高档、亲切的感觉，这样才能激发用户深入了解商品的愿望，并将商品信息清晰地传达给用户，进而加强用户对品牌的认同、提升用户对品牌的忠诚度，才会形成强有力的市场竞争力。

(二)使包装更环保

随着商品经济的发展,包装的使用量日趋增大。有关资料统计显示,包装废弃物在城市污染中占有较大比重。而包装的可持续利用可以有效减少包装废弃物对环境的污染。包装的可持续利用是指在进行包装设计之初对包装的基本功能以外的延伸功能的设计,需要设计师展开设计思维,从环境保护的角度出发考虑包装的延伸用途。比如,可以作为笔筒使用的酒盒包装,可以作为栽培容器的包装盒等。这样,包装就不仅是局限于用来运输和展示葡萄酒的容器,交互式的设计赋予了它更高的使用价值。

(三)保护用户利益

交互式包装所采用的新技术、新工艺、新材料使其具备了防伪的作用,而且比普通包装更加复杂和难以复制。例如,从包装容器本身的结构设计入手,利用难以复制的结构设计使其成为不能重复使用的破坏型包装。还有利用科技手段在包装中植入芯片,用户可以使用智能手机中安装的相关应用软件来进行识别,确认产品的真伪。交互式包装的这种防伪功能既能保护生产商和用户的利益,还能增强用户对产品的信任度和安全感。

(四)提升用户满意度

人们在度过了对产品量和质的需求时期之后,对产品又有了情感的体验诉求。这种转变使包装既属于实用科学的范畴,又属于美学和心理学范畴。那么,在商品高度同质化的今天,如何使商品能够脱颖而出,令人印象深刻呢?交互式包装设计的趣味性和互动性可以很好地解决这个问题。设计师需要了解用户的心理需求,通过富有情趣的交互式包装方式,激发用户积极地响应包装的互动体验,从而表达出对产品的肯定态度和购买倾向。

第五节　概念设计方法引入包装设计

当前人们处在一个时尚激进与多元文化并进的时代,包装设计需要更多的新概念,概念包装设计作为一种最丰富、最深刻、最前卫、最能代表科技发展和设计水平的包装设计方法,体现了丰富的表现力。概念包装设计从功能、储运、展示、销售、结构、材料、工艺、装饰等可供研究、试验、表现的方方面面,根据需要的目标主题，做到有据可依地设计，提炼出概念主题，进行深入开发，使得设计有相当的深度，表现出当代最前沿的设计思想和设计水平，符合科技发展的水平，从而带动相关技术课题的进步、推动相关行业共同发展。

一、概念设计概述

概念性包装设计是在原包装设计的基础上衍生出的一种探索性的、创新性的设计行为，其基本目标是研发出概念包装，终极目标是开发出一种新的、符合人类健康发展的包装设计。简单来说，概念性包装设计是一种预知性的成果，是包装设计者对包装设计构成的一种前期设计方案。在生活方式日新月异的今天，概念性包装设计作为一种新的包装形式，可以引导一种新的生活方式及健康的消费形式。而国内外的包装设计者也正在探究这一新的包装设计形式，希望能引起更多人对这一包装形式的重视，激发创新意识。

概念包装设计的价值在于带动包装行业的时尚新演进，使包装朝发展的、前沿性的效果进行表现，能够更好地把握市场，引导消费、欣赏改变使用方式和生活。如今概念包装已成为具有社会性意义的研究课题，并显示出设计者的责任意识。

另外，从概念设计的层面来看，其理论结构是展示科技实力和传达最新的设计观念，并且艺术性极强，极富吸引力，代表了包装设计的前沿，主导着包装设计的发展潮流。即概念包装设计既有艺术性，又有科学性，它们表现在设计的不同层面上，共同构成了概念包装设计的整体。

二、概念包装与包装设计的相互关系

一般来说，概念设计由许多艺术形式、设计要素构成，是基于应用设计不同层次的设计观念，是设计整体的一个组成部分，可分为三个方面。

第一，从概念包装设计的功效方面来说，它是包装设计的技术基础，主要包含了设计要素的物质载体，它在具有基础功能性、易变性特征的基础上努力满足新的需要。如各种包装设计应具备的承载商品、保护商品、储运商品、销售商品的功能以及消费者在使用包装产品中的消费行为等，都是概念包装所涉及的，这个层面可以形成独立的设计研究体系。

第二，从概念包装设计的视觉方面来说，这是概念包装设计的形态表现，也是概念包装设计基础的视觉物化。它具有较强的时代性和连续性，主要包括商品品牌、展示商品、形象装饰、商品广告内容的协调设计系统，以及各要素之间的关系，遵循社会市场规范、法规制度、消费群体，判断市场消费需求，规范设计并矫正设计方向，使之处于主要地位。在这里，概念设计探求的是其具有的发展过程、动态和趋势，在有限的空间里寻找新的突破。

第三，从概念包装的领先探索方面来说，它是一种发展状态，所以也可以认为是创作的意识流露。它处于前沿和领先地位，是依据设计系统各要素中一切活动的突破、科技的发展、生产力的提高和思想意识的进步所带来的对包装设计创新的需求，主要表现在生产和生活观念、价值观念、思维观念、审美观念、道德伦理观念、民族心理观念等方面的新认识。它是设计结构中最为前沿的部分，也是设计的动力。它潜藏于人的内心深处，并渴望发展变化，最终会直接或间接地在应用层面上得到表现，并由此得出概念包装的发展和规律，从而吸收、改造社会发展的未来，引导设计的发展趋势。

第六章 基于中国传统文化的现代创意包装设计

第一节 中国传统哲学观在包装设计中的应用

包装设计是民族文化的重要表现形式;民族文化是包装设计的重要元素。包装设计的价值,表面看来只是保护和美化商品,而其潜在价值却是在文化传播方面发挥重要的作用。事实证明,越是能体现本民族精神的包装就越有利于国际化品牌的发展。阴阳五行作为古老中华民族最具特色的本原文化,在中国传统艺术的发展中得到了最充分的体现。直到今天,阴阳五行依然是中国设计艺术中极具价值的"中国元素",是中国包装设计借以彰显"民族性"、提升附加值的重要元素。

一、阴阳互动诞育浓情诗意

阴阳,是中国古代最具代表性的哲学本源观,也是中国民间美术创作中的"座上客"。阴阳学说认为世界是物质的,物质世界是在"阴""阳"二气作用的推动下滋生、发展和变化的。自然界任何事物或现象都包含着既相互对立,又互根互用的阴阳两个方面。凡是运动着的、外向的、上升的、温热的、明亮的,属于阳;相对静止的、内守的、下降的、寒冷的、晦暗的,则属于阴。阴阳是对相关事物或现象相对属性或同一事物内部对立双方属性的概括。阴阳之间的对立制约、互根互用,并不是处于静止和不变的状态,而是始终处于不断的运动变化之中。中国传统民间美术广泛运用阴阳哲学观进行创作,表达了中国古人朴素的唯物辩证法思想以及象天法地、天人合一的精神依托和美学追求,深受民众喜爱。而且,在民间美术创作中,阴阳哲学观得到了更为灵活地呈现,阴阳"在图案及绘画中则体现为'偶数'观念及美学法则中两两相对的各种概念:变化与统一、虚实、疏密对比等"。

阴阳观念早在彩陶时代的美术创作中就已经有了运用,陕西半坡出土的人面鱼纹彩陶盆即是明证。从彩陶盆口沿的符号看,八个两两相对的符号将圆盆分割成八份，正是取“易有太极，是生两仪，两仪生四象，四象生八卦”之意，盆壁则以旋转的鱼纹表现运动。随着人类抽象思维能力的发展，原来的实物图形渐渐向符号化发展，在马家窑文化时期的彩陶纹样中，旋转的鱼形象逐渐简化，后来干脆以对比色统一在一个圆中，发展成为宋代的双鱼太极图形式。阴阳交互的两个部分，一虚一实，相反相成，围绕圆心回转不息，非常适合于表现成双成对、相互顾盼的形象，深受人们的喜爱，并由此而进一步演变为各式各样的“喜相逢”图案，如凤凰飞舞、蝴蝶追逐、鸳鸯戏水、对猴、并蒂莲、连理枝等图案被大量运用到剪纸、刺绣、蜡染、扎染等民间美术作品中，成为人们表达祈求圆满、和谐与挚爱等情感的理想形式。

作为传统文化的“真传弟子”，民间美术往往通过集体无意识或集体意识的集体表象实现传承，直接而完整地继承并发扬了具有哲学本源意义的阴阳观。我国民间美术受阴阳哲学观念的影响，在美学法则的灵活运用中，巧妙地创立了一系列和谐的表现技巧，除前面提到的疏与密、虚与实、变化与统一外，大与小、黑与白、方与圆、动与静、局部与整体等，都被广泛运用于众多的艺术领域，大大丰富了民间美术的表现形式。

受民间美术的影响和启示，现代包装设计对中国传统的阴阳哲学思想也情有独钟，充分运用不同的空间及平面组织形式设计出千变万化的视觉效果，既丰富了画面构成，又呈现出很强的历史厚重感。获 2009 年度“世界之星”（World Star Award）包装设计奖作品的“武当酒文化礼盒包装”采用了阴阳太极图案，独特的造型渲染了天人合一、健康吉祥的主题，表达一种美好的祝愿。

虚与实，是阴阳学说衍生出的一对重要的审美范畴，在中国哲学（美学）史上同样具有非常重要的地位和影响。《老子·第十一章》有云：“三十幅共一毂，当其无，有车之用。埏埴以为器，当其无，有器之用。凿户牖以为室，当其无，有室之用。故有之以为利，无之以为用。”其意为，三十根辐条凑到一个车毂上，正因为中间是空的，所以才有车的作用。糅合黏土做成器具，正因中间是空的，所以才有器具的作用。凿了门窗盖成一个房子，正因为中间是空的，才有房子的作用。因此，“有”带给人们便利，“无”才是最大的作用。这里主要阐述了器物之“有无”生成之的关系，“有之以为利，无之以为用”正启示着我们在进行艺术创作时，可以巧妙运用“有（实）无（虚）相生”的原理，达到虚中有实、实中带虚、含蓄隽永的美妙境地。民间美术重虚实，无论是剪纸、刺绣、陶瓷还是雕塑等，都注重艺术表现的虚实相生，从而营造出优美深邃的意境。

虚实手法借鉴到包装设计中，空间的虚与实、图形的虚与实、文字的虚与实、色彩的虚与实、均能创造出奇特的艺术效果。包装视觉设计通过大小、疏密等变化产生视觉元素的多与少、藏与露、深与浅等一系列虚实变化，从而唤起人们丰富的联想与想象。安徽双轮集团某款酒外包装设计，基于地域的考虑，有意识地将徽雕、徽派建筑等“徽”元素融入包装设计中。颇具匠心的是，包装采用“留白”的方式，包装盒下部具有水墨韵味的大地上徽派民居若隐若现，大片的空白与点、线、块的结合，则将“家”衬托得异常醒目而大气，让人在一种梦幻视觉中不由自主地思念故乡，想念“家”，确实新颖而别致。而荣获 2006 年“世界之星”(World Star Award)包装设计奖的酒包装则以时空的虚与实创造了美好的“意境”。产品外包装采用木质材料与有机玻璃相结合，酷似苏州园林的轩窗，一股浓郁的古典美扑面而来，时间穿越的虚实感油然而生；透过这一轩窗，可以直接透视盒内的酒瓶、商标以及装潢，整体上给人以晶莹剔透之感，虚实相生的空间美顿时产生。而内包装瓶型的设计也很巧妙，一小一大两个瓶体上下倒扣衔接的造型，宛如江南体态秀丽的少女。上部小瓶式瓶盖内装酒体醇厚、本香本色的 68°原酒，下部主瓶内装酒体温软、优雅醇和的 46°优质酒。两种酒体既可单独饮用，又可自由调兑饮用，设计可谓匠心独具，既能体现双沟古老深邃的酒文化和珍宝坊包装的古典美，又能代表中国白酒创新发展的时代潮流。

包装，作为一种“多维”设计，对于虚实手法的运用其实还可以更加富于创造性。获 2007 年度中国“包装之星”银奖的“小猪跳绳”贺岁手机包装盒，作为迎接 2007 农历丁亥猪年所设计的一款手机礼品盒，采用梯形设计，将手提袋的实物绳子和正面主体卡通小猪携手跳绳的图案巧妙契合，天衣无缝地体现了平面和立体的虚实结合。当手提袋静置于桌面时，绳子在小猪的脚下，给人的感觉是小猪们腾空而起。当我们提起手提袋时，绳子正好扬到小猪们的头顶上，给人的感觉则是小猪们落到了地面上。强烈的情景互动感带给人们新奇而欢快的感受。

二、五行相随传递温馨祈福

五行，同样是中国古代最具代表性的哲学本原观之一。五行学说认为世界上的万事万物，都是由金、木、水、火、土五种基本物质通过运动变化而生成的，任何事物都不是孤立、静止的，而是在不断相生、相克的运动之中维持着平衡。金生水，水生木，木生火，火生土，土生金；金克木，木克土，土克水，水克火，火克金。五行相生相克的观念在中国古代器物的设计中运用得也比较普遍。中国古代器物的设计艺术善于利用自然物质之间存在的物理、化学性能的相生相克关系，借助其他材料来激发或强化应用材料的特征。当时的建筑多为木结构，而“木生火”，容易燃烧。应行相生相克说认为“水克火”，受此影响，古人信奉水可以火火，于是就在房屋上饰以“悬鱼”“惹草”“鱼鼓”等属于“水”的纹饰来表达防火的意识。同时，五行中还有“金生水”的说法，于是在某些建筑构件上也会采用铜柱、铜门相、铜钗链、铜斗等“金”属制品，来表现古人朴素的防火思想。

五行学说早已内化为中华民族的一种群体意识，受民间艺术的启发，围绕金、木、水、火、土去发挥无限的想象力，正是现代包装设计一种重要的创意方式。设计师亦喜欢根据五行所属的元素及其特点，设计和表达充满现代气质、时尚艺术的产品。中国人民历来喜爱竹子（五行主木），苏东坡甚至说：“宁可食无肉，不可居无竹。无肉令人瘦，无竹令人俗。”由此，Geek Cook 推出全球第一款竹制 iPad 手机保护套，完全用竹子制成，环保性能好。采用窄包边设计，避免摩擦屏幕保护膜。内侧嵌有黑色天鹅绒，防止直接摩擦机身，高雅而实用。从本原哲学的层面上看，合金材质的机身主金，金生水，竹壳外套主木，木生火，按照五行相生相克的观念，金克木，水克火，寄寓着竹壳外套只行保护之功而不行损机之害的含义。

后来，五行说又与神话宗教图腾的五色崇拜相结合，将五数与五色，以及五行生克理论融为一体。五行色彩是中国古人宇宙时空观念的体现，金、木、水、火、土对应的色彩分别是白、青、黑、赤、黄，对应的五行方位则分别是东、南、西、北、中，若与图腾神祇五行相配，则是东方青龙、西方白虎、南方朱雀、北方玄武、中央黄龙。正因为“五行”代表了中国人的宇宙时空观，作为与劳动人民唇齿相依的中国民间美术也就特别重视对五色和五方的运用。从某种意义上说，“五色”“五方”的观念直接影响中国民间美术造型体系的形成。

“五色”是我国传统艺术用色的最基本的准则，在中国，白色、青色、赤色、黄色为正色，而青、赤、黄正是色彩的三原色，属于最鲜艳的装饰“青出于蓝”，意味着青是由蓝草中提炼出来的，也就具备了它质朴的本民间的蜡染、扎染及蓝印花布都体现出性情淳朴的老百姓对蓝的钟爱。赤即红色，源于对太阳、火与生命的崇拜，热烈而喜庆，中国人对红色情有独钟，红窗花、红对联、红喜字、红灯笼、红轿子、红盖头都莫不与此相关，民间美术中对红色有广泛的运用。黄色在中国是最尊贵的色彩，很长时间被视为皇帝的专用色，因此民间美术中用得比较谨慎。当然，纯粹的原色并不见得能带来好的表现效果。色彩讲和谐，中国古人认为和谐的色彩搭配是色彩之间取之于“五行”相生关系，同时维持色彩强度的平衡。依据五行相生相克的原理，用青、赤、黄三原色可以调配出任何其他的色彩，而黑色和白色则是最好的调和色。从中国民间美术中的年画、社火脸谱、戏剧脸谱、刺绣、剪纸等的用色上看，我们都能发现五色协调运用的无穷变化。民间常见的泥玩具，黑底上常常绘制红、黄、白、绿等纯度较高、面积较小的色彩，与底色形成强烈鲜明的对比，从而使黄色更艳、白色更亮、绿色更鲜，具有强烈的象征意味和装饰美感。观赏敦煌壁画、永乐宫壁画，我们也不禁为那由于和谐的色相对比而产生的永恒色彩魅力所震撼。

中国传统五行色彩体系具有浓郁的民族特色，有着深厚的文化底蕴，对现代设计具有非常重要的启示。现代包装设计常以现代审美观念和设计原理对传统“五色”色彩体系中的色彩元素加以选择、提炼和改造，取其“形”，延期“意”，传其“神”，从而成就了一批经典之作。获 2007 年中国“包装之星”铜奖的“宣和苑”茶叶包装，外包装传承北宋的简朴之风，摒弃华丽的色彩，通过粗细、浓淡、虚实、刚柔等传统的绘画技法，将“茶中蕴和 · 茶中寓静”之茶道精髓艺术地呈现出来。内包装则巧借“谐音”，以“武夷”之“武”引出“五行”文化，分别以“金、木、水、火、土”的专属色来区分“宣和苑”的五大产品系列。从整体设计上看，将古远、凝重的文化和清新飘逸的茶香融会成为茶道中人化自然的美妙境界，并借此聚焦中国悠久、深厚的岩茶文化，升华企业的精神追求。同获 2007 年中国“包装之星”铜奖的“同里红”锦绣级黄酒包装，将苏州园林特有的“圆门”元素植入设计当中，瓶型结构具有非常强烈的层次感，使“门”和“窗”各成一体，从而营造出“走过一扇门，透过一扇窗，别样的水乡就在你眼前”的美好江南意境。在作品的颜色搭配上，设计者同样深谙“五行”之道，经典的白色与黑色分别代表白天和黑夜，而大气的红色则寓意着春日的繁花似锦和夏夜的灯火妖娆，底纹中，粉墙黛瓦在暮霞中若隐若现……

水乡清秀淡雅，美酒的醇厚妖娆，一切诗意尽在相生相克的和谐之中。葡萄酒向来寓意着浪漫、优雅与健康，在其包装中渗透“五行”理念更是成就经典的理想之径。荣获 2010 年“世界之星”包装设计奖的“长城干红葡萄酒”，2010 年上海世博会“限量珍藏版”，其包装正是将“五行”哲学观运用得淋漓尽致的典范之作。包装材料主要采用了木材、金属、玻璃，三者分别主木、主金、主土，而包装盒外侧被巧妙朦胧化的上海外滩夜景图看上去正是一袭升腾的火焰（主火），当酒瓶中注入醇香的葡萄美酒（主水）后，正可谓五行俱全、吉祥如意，也暗合了上海世博会“城市，让生活更美好”的主题。另外，从外包装的造型上来看，主要取中国馆“东方之冠”的造型，用抽象的现代构型手法加以表现，借鼎立之势彰显产品的高贵。

正是中华民族特有的哲学本源观不时地在民间创作中闪耀回响，我国传统的民间美术才得以大放异彩。现代包装设计完全可以从民间美术中汲取养分，从中国传统文化中提炼精髓，使我们的民族包装更好地服务百姓和国民经济，走出一条经典化之路。

第二节　中国结在包装设计中的灵活应用

中国结是典型的中国传统元素，在中国设计艺术史上具有重要的地位。“结”与包装有着颇深的渊源关系。关于包装是如何起源的，众说纷纭，但无可置疑的是，人类最初拿来做包装的材料是天然材料。例如，用草、树枝、藤条、竹篾等编制成各种各样的容器。这些原始材料在编织的时候相互交织，就成为一种“结”。原始陶器与“结”也有不解之缘，恩格斯在《家庭、私有制和国家的起源》一书中就写道：“陶器的制造都是由于在编制的或木制的容器上涂上黏土，使之能够耐火而产生的。”大量出土的原始陶器碎片上印有席纹、绳纹，这也印证了原始人类成熟的编制技术和相互交织的结绳技巧。先秦时期，古人的衣服上并没有扣子、拉链等配件，仅仅用腰带捆扎固定衣服，“结”也就发挥着一种捆扎的功能。唐宋时期，“结”除了实用价值之外又多了一种价值——装饰价值，如我们熟知的“八仙过海”中的八仙各有神器，而神器正是用“结”来装饰的。明清时期，“结”有了更加丰富的内涵，吉祥结、盘长结、同心结等都有各自的寓意侧重。中国结历经几千年的发展而不衰颓，足见其极强的生命力。在今天的艺术设计中，中国结仍以其特别丰富的文化特色发挥着其独特的包装优势。

一、中国结装饰功能的点缀

随着时代的发展，人们对“美”的要求也越来越高，中国结的装饰功能也越来越凸显。历代君王的玉玺上常常有流苏，可以看作中国结的一种变种。文人雅士或达官显贵的玉饰品上都有小孔，便于腰间“打结”佩戴，也方便提拿。同样的小孔也会出现在女子的发簪、青铜镜、扇子、荷包以及乐器之上，成为一种常见的装饰。在人们求美求雅心理越来越浓重的今天，适当的装饰自然成为包装设计提升价值的有效手段。“现代包装设计的最高境界是具有审美意境的包装，就是意境包装”。而中国结在创造包装意境方面具有很强的表现力。在现在的包装设计中，中国结可以直接作为纯粹的装饰性元素使用，如瑞福麟的包装，整体造型类似于中国古代的食盒，两边有对称的中国结，体现中国儒家的“中庸”思想；一些手提袋上安设中国结，消费者在手提礼品盒行走时，随着双臂的摆动中国结也会随风摇曳，有灵动、飘逸、韵律之美。

中国结不同于西洋结。西方国家的结艺最常见的只是平结和卷结，技法简单、结形单调缺乏变化，因而编结技巧的高低对成品好坏的影响不是很大。然而，作为装饰元素的中国结，其大小、颜色、质地软硬直接影响着包装的整体效果。从尺寸上看，小包装不宜配很大很粗的中国结，同样，大包装不宜搭配太细太小的中国结。从颜色上看，古玩、古玉等古雅而富有文化内涵的物件，往往适合选择色调稍微含蓄一点的中国结。作为中国传统美食，粽子的包装常常选用墨绿色的中国结。造型单一、颜色暗淡的物件可以在中国结中加少许亮色细线，如金、银或亮红，使整个物件璀璨夺目。中国结根据质地软硬程度分为丝、呢绒、棉麻、混纺等，不同的产品选择不同的材质，如扇坠是要随风飘动的，所以要选择质地轻柔的棉麻、混纺打结，而“十全十美”结，由于造型的需要，则适合选择质地较硬的丝打结。

中国结本身就有着突出的审美价值，合理地用于包装设计，自然能有效地增强包装的审美意味。商品外包装缀上漂亮的中国结会别有一番风味，而打开包装取出商品后，还可以将中国结从包装上拆下，系到商品上，成为商品的一部分，或许又将是另一番风味。再者，从商品包装上拆下的中国结，只要在与包装的接口处稍加调整，就能摇身一变成为一个精巧的钥匙扣、耳饰、手机吊饰等。作为一种装饰艺术，中国结在包装设计中确实有独特的艺术价值。

二、中国结实用功能的巧借

中国结，作为中国特有的一种民间手工编结艺术，以其独具特色的东方神韵、万象纷呈的精彩变化，充分体现了中华民族深厚的文化底蕴。由旧石器时代的缝衣打结，发展到汉代的礼仪记事，进而演变为今天的装饰手艺，中国结身上所彰显的丰富的智慧与情致，正是古老中华文明现代化发展的一个侧影。

在今天看来，中国结似乎就是一种装饰，但是从其漫长的演变过程考察，中国结首先作为一种实用之物出现。人类很久以前就学会了打结，在北京周口店山顶洞人文化的遗址中，发现了 1 枚骨针和 141 件钻孔的石、骨、贝、牙装饰品。“骨针”的存在说明了当时缝纫技术已经有了雏形。由此我们可以推断，实用性的结绳技术早在原始社会就已经存在。《易经 · 系辞下》记载：“上古结绳而治，后世圣人易之以书契。”结绳记事是在文字发明前人们所使用的一种记事方法，即在一条绳子上打结，用以记事。大事则大结其绳，小事则小结其绳，“上古时期的中国及秘鲁印第安人皆有此习惯”。即使到了近代，一些没有文字的民族仍然采用结绳记事的方法来传播信息。由此我们推断，绳结还被用作辅助记忆的工具，再次印证了中国结的实用性。

由上述可知，中国结是以实用性为起源的，中国结运用在现代包装中也不应该只是为了装饰而装饰，而是要在美化包装的同时，尽可能发挥其绑、捆、穿、拉、束、提、携、不易滑落等实用优势，将中国结的美观特性与包装的造型、结构、功能相结合。如果单纯为了美观而采用中国结，那就有可能造成过度包装。“枝江王”酒包装，其中中国结的设计有利于更方便地提拉内盒，打开包装；“板城烧锅”酒包装，中国结如腰带一般系在包装上，可以用来固定盒子的造型；“永盛源”酒包装，由内外双层盒子组合而成，而双层套盒正是由“结”来连接的，盒型设计独特，格调高雅；安溪茶叶包装，流苏与麻布袋的结合有种返璞归真的感觉，巧妙利用“结”来固定开口等等，这些都是中国结实用与装饰功能有机结合的成功之作。另外，一些包装还可以巧妙地利用中国结的“盘扣”代替传统胶粘成型的方式，也可以将其用在包装展示上，将绳编织成镂空的网状，套住易碎的陶瓷制品，从而实现一举多得的效果。

三、中国结文化内蕴的渲染

文化是包装设计重要的“点金石”。包装除通过现代包装要素表达商品的属性和消费者渴望的审美需求外，创造差异、表达文化内涵还成了包装设计的又一重要诉求点。实用性与装饰性都是中国结的重要功能，要将实用性与装饰性进行有机结合。一方面，中国结运用在现代包装设计中，既巧妙地实现了“包装”的功能美，又传达了商品的“原生态”信息。另一方面，中国结被广泛运用于现代包装设计还在于它独特而深厚的文化内涵优势，有效地提升了包装商品的附加值。

中国结又名“盘肠”，像盘起的肠子，由于这个称呼不吉利，后改为“盘长”，寓意无头无尾、永不停息、源远流长。而且，在制作中国结过程中，往往用火将起点与终点粘在一起，产生循环、回绕的效果，体现出“终点即是起点，结束即是开始”的哲理。中国传统文化向来重视“天人合一”，认为人与自然万物是和谐一体的。作为中国传统思想文化中最具生命力的“天人合一”，实际上也暗合了这样一种轮回、整一的意识。

在漫长的发展历程中，中国结逐渐形成了祝福祈祥类、爱情婚姻类、家族繁衍类等类型，体现了人们祈求幸福和向往美好的愿景。应该说，人们在赋予中国结各种象征意义时，也赋予了它无限的生命力。如“国窖 1573”的包装，侧面有中国结变形的流苏，体现了中国特色，增加了产品的文化底蕴，提升了产品的档次。中国结通过与相关的包装物进行有机结合，成为商品不可或缺的一部分，在强化审美功能的同时，常常表达出一种吉祥美好的祝福。“火狐狸”酒包装，将品牌名称“火狐狸”融入玉佩的形状，“如意结”与玉佩结合，代表称心如意；“蝴蝶结”与烟袋结合，“蝴”“福”谐音，表达“福运迭至”之意；“茅台喜韵”酒包装，在瓶颈处设有中国结，喜气洋洋；“盘长结”与新婚贺礼结合，代表不离不弃、永远相随；“吉祥结”与扇结合，寓意祥瑞相生、吉人天相；“榆树钱”酒包装，在正面设有铜钱结，寓意富贵如意，财源茂盛……

从中国结的编层上，我们可以看出鲜明的“数”的概念，而这些往往都与中国传统文化独特的“数”理文化相贯通。“理数编结做符，驱邪，保佑平安，这是中国结的本意。”编中国结讲究层数，结的中心部位是很多“结”组合成的一个菱形，将菱形按逆时针旋转 45°成正方形。如果将每一个小结作为一个单位，那正方形横排有几个小结，就表示这个中国结有几层。不同的“数”代表不同的寓意，如“5”是福禄长寿的集合数，体现中国人的“五行”观念等；层数“7”是精悍、刚毅、果断、勇往直太极，是生两仪，两仪生四象，四象生八卦。长期以来，《易经》中的这种理数观念在传统礼仪和器物设计中被广泛运用。两仪，一阴一阳，简而言之，世间万物都要阴阳结合。阴数，为偶数；阳数，为奇数。中国结的结数亦讲究一阴一阳，阴阳结合。包装中运用中国结时，要尽可能将中国结的“结数”与包装商品或者应用场合相对应。例如，层数“3”，它是阳数“1”与阴数“2”的叠加，代表着天、地、人。中国结首饰 925 银耳环，选用的就是层数为 3 的中国结。

中国结巧妙的实用价值、独特的装饰价值以及深邃的文化价值，为包装设计增添了东方文化的神韵，越来越成为当代包装设计的“主角”。而实际上，不只是中国结，很多中国传统元素，书画、篆刻印章、京戏脸谱、皮影、剪纸、织锦、刺绣等都具有深厚的文化内涵和底蕴，具有独特的造型表现优势，恰如其分地将它们运用到现代包装设计中，在丰富包装的装饰意味、提升商品附加值的同时，还有利于凸显包装的民族韵味，更好地实现“越是民族的就越是世界的”之效应。

在以多元化、个性化为显著特征的后现代主义文化的背景下，我们的包装设计完全可以从弘扬民族传统文化精神的角度出发，探求中国传统元素与现代人消费心理相通的契合点，进一步增强包装造型的表现力，有效地拓展现今及未来包装设计的空间。

第三节　传统纹样在茶产品包装中的应用

一、茶叶包装设计中引入传统纹样的目的和意义

基于我国市场经济的日益繁荣和茶叶等商品流通渠道的畅通，各种商品面对市场竞争的压力逐渐增大，特别是茶叶行业竞争几近白热化，聪明的茶叶商为了拓展销售量、求得品牌效应，不仅追求茶包装的精美，还不遗余力地追求茶包装的独特的、人性化的差异，不断挖掘产品包装的特有的个性，并开始注重赋予其深厚的文化底蕴，提升茶包装的艺术内涵和文化品位。许多茶叶包装设计者开始致力在包装设计中融入传统纹样的创新应用方面的研究与探求，以提高产品的文化素质，从而促进商品的销售。时下，茶叶的包装设计俨然已经成为一种时髦的文化现象，它的包装设计结合茶文化正越来越注重彰显一个民族、一个区域的特性。

茶叶包装设计中引入传统纹样也是满足广大消费者对民族文化的情感和精神上的心理渴求，增加茶文化的附加值。特别是提高茶叶包装设计的市场竞争力是当前许多茶叶商人优先考虑的重点，在茶包装设计中赋予其民族性文化元素，运用现代的设计理念，可突出民族优秀的文化因素，给予其现代文化商品的利用价值，丰富和深化商品特性。当前，茶商品包装设计已成为与消费者沟通的最佳途径，它展现了现代设计的价值理念，迎合了国人消费需求的特点，也是目前茶商品行业竞争的重点。将传统元素运用到茶叶包装设计中，在中国独特的地域文化中，寻找纹样历史故事和地方茶文化的启示，无疑增加了茶叶的文化魅力和品牌效应，使其能传达一种文化内涵，彰显茶文化的魅力，突出茶文化的独有特征。故而，在茶叶包装设计中汲取传统纹样的艺术营养，创新具有民族风格的各种图示、纹样，可以促进茶叶的销售，对提高茶商品的文化内涵、传播与传承茶包装设计中的民族风格具有重要意义。

二、传统花卉纹样发展与艺术内涵特征

中国传统纹样以及所涵盖的花卉图案是劳动人民在创造、利用与改造自然的过程中发现并创造出来的具有美学价值的艺术语言，其经过了长久的岁月沉淀，

吸纳了诸如儒家、道家、佛学等诸子百家的艺术特色与艺术表现形式，具有民族共性。其纹样花卉的广泛应用，是人们对美好生活的希冀与期盼，是中华民族对精神与物质层面的双重追求的象征。在我国，纹样种类繁多，叶脉、四瓣、茱萸、荷叶纹、蕉叶、卷草、海水、江涯、瑞草等诸多纹饰、纹样数不胜数，且各具特色。众多的花卉纹样中颇具代表性的有象征团圆的花好月圆、象征长寿的百花献寿等，其结构严谨典雅，造型丰满、含蓄，个性十足、色彩明净。纹样富含形式美，在变化中追求统一，在对称中讲究均衡，非常注重其节奏和韵律的协调。纹样装饰几乎涵盖了生活中的衣、食、住、行。祖国传统的纹样包含着意境美、韵味美、形式美，传递着幸福、吉祥、安康、多子、多福、长寿等一切美好的愿望，给人以美的享受，引起人们对真善美的共鸣。故而，将其应用到茶叶的包装设计中，可以提升茶叶包装的文化价值与商业价值，彰显茶叶包装的独特的民族文化个性。

三、茶叶包装设计中需汲取祖国传统文化的营养

目前，市场上部分茶包装的目的只是追求商业利益，不重视包装的文化内涵与品质，缺乏文化品位。其实，在茶包装设计上融入中国传统纹样，其包含的美好寓意以及优美的轮廓造型，都给予茶包装丰富的文化营养。因此，传统纹样不是随便拿来就可以使用的。

这里需要设计者把握中国传统纹样的艺术特质与其彰显的深刻内涵，汲取中国传统文化养分，用中国传统纹样传达民族文化特色与别样风情，提升茶包装的文化内涵，呵护祖国传统纹样资源。

四、传统纹样对茶叶包装中的作用

传统纹样是指根据图形形成结构规律，经过抽象、简化等处理方法所形成的规则化与定型化，并可以经常在人们生活中出现的图样、图形。中国传统纹样是劳动具有在不断改造自然的生产实践过程中缔造的艺术形式，属于祖国传统文化的特种载体，具有深厚的文化底蕴，它历史悠远、形式多样、惟妙惟肖、风格奇特。因而，把传统纹样融入现代茶包装设计中，也是对茶文化的一种深刻的诠释。鉴于中国传统纹饰、纹样具有极高的美学力量，可以满足任何一种消费心理及消费结构发生的任何变化。

(一)云纹在茶叶包装中的运用

云纹是一种民族的吉祥纹样、吉祥图案,在古老的红山文化中就曾经多次出现,它造型优美、简练,具有极强的象形性,与天上的云朵一样,使人流连忘返。关于它的起源,众说纷纭,一般认为是天上的云朵给了古人启发,赋予他们艺术的灵感。云纹表达了人类对上苍的敬畏、对人生的爱恋、对自由的向往、对美好未来的期盼,具有神秘的色彩,富有想象的空间。许多茶叶包装设计者已经注意到这种纹样所具备的张力,已经开始尝试在茶叶包装上设计出“云纹”图案,来表达自己的美好意愿。所以,茶包装要尽量使用具有传统色彩的图案与纹样,如缠枝莲纹样、饕餮纹样,以及凤穿牡丹等寓意吉祥的图样,并设法使用再生材料对茶叶进行包装。这样既坚持了原生态、低碳、环保、节能的理念,又与现在所提出的质朴、节俭的原则相一致,使茶产品的销售品质得到提高,同时避免了茶叶产品的过度包装。

茶叶包装对促进茶叶商品的销售、提高消费者的消费动力具有无可比拟的作用,优秀的茶包装应当是集现代科学技术与文化智慧之大成,是对现代文化艺术的提纯和对传统文化的凝练,如果科学运用中国传统的纹样、纹饰,将其融入茶叶包装设计中,使其具有便捷、高效、低廉的特质,就可以升华人们对茶叶商品的感情,提高茶叶商品的个性品位。让消费者在品尝茶叶香郁浓醇的美味的同时,可以在精美的茶包装上欣赏中华文化、寻觅瞬间的美感、品读文化的积淀、享受现代包装之美、咀嚼生活之饴。

(二)传统纹样的吉祥观念在茶叶包装中的体现

期许吉祥是中国人的普遍心理现象,是中国传统的民族心理习惯,属于人们对美好生活的期待和向往,是一种对美、善、康佳、安全的祝福。特别是传统纹样在人们心中一直都是吉祥寓意的代表。传统纹样是民族情感的延续,它与人们的心灵相连。所以,传统纹样展现的吉祥寓意也迎合了中国人对传统的眷恋,将它应用在现代茶包装设计中,不仅可以更好地继承和弘扬优秀的文化,还可以激发群众的消费欲望,具有吉祥寓意的传统纹样古为今用、推陈出新的特点符合民族的心理期待。茶叶包装设计者要对传统吉祥纹样的各种美好元素进行创新,赋予茶叶丰富的文化与艺术内涵,彰显祖国茶文化的博大精深。例如,龙凤纹样以及所包含的龙凤呈祥的吉祥图案与吉祥纹饰本身就属于国人喜爱的艺术形式,将其应用在茶叶包装设计中,凸显了文化传播中追求的吉祥观念。

第四节　中国书画元素在包装设计中的运用

本节通过对中国书画元素及其风格应用在包装设计中的效果展示，丰富了包装设计的版面元素，使画面活泼、生动、富有韵律感。把中国书画的意境之美，应用到包装设计中，使画面充满了无限的想象力，从而俘获消费者的心，促进产品的销售。

一、中国书画元素在现代包装设计中的运用

在现代包装设计中，将中国书画元素应用到包装设计中是比较常见的。中国书画的笔墨之讲究、线条之柔美、赋色之典雅、构图之气势应用在包装设计中，留下了视觉表达过程中积累下的精髓，具有相当强的表现力。中国书画元素在现代包装设计中的应用，在将中国传统文化影响力发扬光大的同时，也给受众带来了精神上的享受。本节主要论述的是中国书画四元素线条、笔墨、构图、赋色在现代包装设计的应用的具体体现。

（一）线条

中国画崇尚简约，因此线条的力度感和表现力至关重要。线的使用，导致了中国画的典型性，使写意性的意象思维和用线造型的形式基础得到了统一。用线造型构成了中国画的主要特点。任何种类的绘画都有自己特定的表现手段，这种表现手段无不受到绘画所使用的物质材料的制约。另外，书法线条的表意性历史更为悠久，同时中国画与中国书法不仅同宗同源，工具材料也完全一致，当书法线条自然地融入中国画的用线中时，便能更有力地拓展线条性格化的发展，使这些或庄重典雅、或洒脱飘逸、或灵变松活、或刚健挺拔、或雄浑苍劲、或质朴古拙、或圆润秀美的线条，不仅成为画家心灵情感世界的轨迹，也使线条本身获得了独立于物象之外的审美价值。

中国书画将线条的移动或拓展变化应用在包装设计中，使其成为作者表达感情的方式，流露出作者的情感与意念，使线条具有性格化的特征。例如，云南白药的包装设计，用大毛笔的笔触画了随意几笔作为主体文字的背景，衬托“云南白药”四个字。云南白药以其独特、神奇的功效被誉为“中华瑰宝，伤科圣药”，与中国书画元素相结合，体现了云南白药的百年历史和药效之高。线条所具有的气

质，构成了中国画的品位与格调。在某种程度上满足了人们的意愿，深得大众喜爱，也证明了设计师的实力。品味人生的茶包装设计，将铁观音富有力度美的书写线条融入包装中，体现出线与线之间的和谐美。

中国书画中线的韵律节奏之美直接运用在包装设计中，会给人带来一种享乐无穷的意境，陶冶人的身心。在茶包装设计中，中国书画线条运用中的线与线之间的对比、融合、和谐的关系构成了具有一定审美价值的画面，给人以活力感与和谐美，令人赏心悦目。

（二）笔墨

中国书画具有独特的美学建构，是以笔墨这一独特的形式表现的，在应用笔墨这一特殊材料的过程中，线条是中国画表现物象重要的表现方式之一。可以说，中国画独一无二的地方便是笔墨美的表现。

在现代包装设计中，笔墨作为一种文化象征，体现了民族文化的特点；作为一种艺术观念，将独具东方韵味的风采展现于世界；作为中国画技法表象，可以创造一种水、墨、笔、色相交融的特有的艺术风格；作为一种技法程式，传达一种喜怒哀乐的心态变化。因此，可以用笔墨相互依存的关系为中国书画的创新和包装设计的发展提供广阔的天地，并以此展现民族特色。拥有着三百多年历史的“王麻子”刀剪业的金字招牌，占据了刀剪行业的一半市场。“1651 年创制”这几个字样醒目而富有张力，传统书画笔墨与现代设计相融合，提升了包装的文化品位。

在现代包装设计中，墨与用笔相辅相成，共同将笔墨意趣与作者的真情实感相联系。生活是笔墨、色彩与新技法产生的基础。师古人之际，但重在师古人之心。石涛提出过，“笔墨当随时代”，其冲击力至今很强大；笔墨当随己意，要根据时代的推移，进行艺术样式的演变。在茶的包装设计中，笔墨的意趣为茶包装增添了书画文化的意境美，同时体现出茶文化的悠久历史，并赋予品茶的趣味性。

（三）构图

空白的存在，使核心的设计元素更容易被发现，从而使它们起到吸引观赏者眼球的作用。

空白不是真空，它是允许其他元素发挥作用的中性空间。

中国画的“计白当黑”是其构成的一大特点。因为书画中对空白的利用，会形成黑与白的互相对立、相互依存的关系。黑处容易，白处难留，空白来自取舍，而布白则是对物象布置的精心概括。不同画家对空白造型的理解，因性格因素而存在一定的差距，这也形成了变化万千的创作风格。中国画构图中空白的虚步，在构成中无处不在，与物象相互依存。

（四）赋色

中国书画的“随类赋彩”不要求所画事物的色彩与其本身固有的色相一致，可以根据自己的主观思想意念进行着色，即以物象固有色的“色”与艺术所需要的“色”来着色。画出来物象的色彩不是事物本身的色彩，是画家根据生活中的意象思维虚构产生的结果。例如，生活中常见的水墨竹子、荷花、牡丹等，墨色淋漓，变化万千；工笔花鸟画中的典型实例如彩色花、墨色叶等。在中国画的传统运用中，有五墨六彩之说。墨色的种种变化是通过加入水量的多少来展现的。“月色江南”的包装设计，通过调出浓淡不同的墨色，产生浓淡干湿的对比变化，在使用中交互相间，融合在一起，形成了构成墨色的整体结构，配置出丰富多彩的墨色。其应用在包装设计中，会展现出别样的趣味，也有了一定高雅的意境之美，富有诗意，给人一种下江南的感觉。

“武陵珍野”系列的包装设计，将武陵片区独特的地域特征——典型的山形作为视觉元素用于包装设计，以中国典型国画的表现形式及空灵的画面感突出地域文化的内涵韵味，以中国的传统文化书法艺术作为主体文字，衬托武陵珍野系列包装设计的主题。武陵珍野产品以其独特的山珍品种被誉为“武陵珍野”，与中国书画元素相结合，体现了武陵珍野的文化性、地域性、珍贵性。画面所具有的气质，构成了中国画的品位与格调，符合当下人们的审美性、文化性要求及对健康的重视，深得大众的喜爱。

湘调口味系列的包装设计，将“辣椒”作为视觉元素用于包装设计，以中的典型传统文化艺术“国画”作为主体视觉元素，再辅以中国的传统文化书法。

二、中国书画风格

（一）意

“意在笔先”是中国画共性化的创作方法，“意在笔先”不仅是中国画的特点，也是其突出的优点，在写意花鸟画中则更具有典型性。“意在笔先”的“意”不仅指创作思想，而是结合了创作思想在内的艺术形象过程思维。也就是把要表现的物象在作者心中酝酿成熟，做到胸有成竹，将艺术形象的体态神韵宛然若见，再行落笔。“意”涵盖的内容十分广泛，可以说一幅绘画创作的章法、取景、造型的传神与否，情景交融、细节描绘、意境创造，都必须在“意”的指引下才能顺利完成。

中国书画写意性的艺术观念使中国画成为一个融合性超强的画种，它赋予中国画一种神秘的色彩，具有很强的吸引力。中国画在庄禅哲学观念影响下产生了意境美。人们在生活中讨厌一成不变的模仿，寻求书画与人心灵的相通，所以书画的写意性，最终成为历史的必然。不同的思维、不同的意境、不同的精神相融合，构成了中国书画写意精神的和谐之美。如牛肉包装设计，把这种神奇的具有美的意境的书画水墨作品应用到包装设计中，与牛肉的生产地文化品位相结合，达到一种感动消费者心灵的目的，使消费者获得了视觉的美感和精神方面的满足感。

(二)形

笔墨的运用只是一种艺术手段，造型与传神才是其表现目的。写意画表现的是艺术对象强劲的生命活力，因此必须在传神上下功夫。如果舍弃了形的表现，笔墨则成为无本之木；形的表现不立足于传神，形则呆若木鸡，笔墨也必定失去韵致。但是，形与神两者又相互依托，“神韵为上，形似次之；然失其形，则亦不必问其神韵矣。”(清·杨晋《跋画》)“传神者必以形，形与心手相凑而相忘，神之所托也。”

写意画造型经过历代画家的艰苦探索自成体系，使中国画的写意性艺术观在写意花鸟画中达到了现实主义与浪漫主义相当完美的结合。对写意画的造型加以精确诠释的，是现代的大画家齐白石的“不似为欺世，太似则媚俗，贵在似与不似之间”。这是他对写意花鸟画造型的精辟总结，与谢赫“六法”的“应物象形”相一致。只有在表现过程中，积极地去表现物象的内在本质，并在神韵上不断追求，才能达到表现目的。为了追求神韵，就要对其主要特征加以强调、夸张以使其突出。同时，对其外形上烦琐的细节、无关紧要之处，要进行舍弃。这就导致了内在神采上经过强调、夸张之后的“似”和外形上因归纳、概括、舍弃而导致的某些局部的“不似”，这个过程，即被称之为“遗貌取神”。

所谓“似与不似”，实际上是在艺术创作过程中经概括、提炼、加工之后产生的艺术形象。它既与生活物象息息相关、一脉相承，又不是生活物象的翻版；它是画家以“外师造化”为基础，经过“中得心源”的艺术加工后产生的结果。只有这种经过艺术创造的形象，才有可能比生活中的物象更强烈、更典型、更理想，从而也更有艺术性。才能达到以形写神、形神兼备的理想艺术境界。

三、中国书画应用于包装设计的实践环节

(一)定位

定位，顾名思义，就是确定商品包装的位置。也就是说，怎样使基于中国书画

的包装设计商品走向市场，最终给消费者带来视觉的冲击力。定位的优劣直接影响商品的销售和生产，是设计者着手于设计之际，首先要考虑的问题。1969年，“定位”的观念第一次被提出，通过定位后的商品包装设计取得的效果得到了大众的认可。中国书画应用的包装设计必须在符合以上定位原则的基础上进行设计。设计者不应只是从保护商品、美化商品传统包装的角度来考虑包装设计问题，当代包装设计者要考虑和解决的首要问题应当是如何通过自己的一系列精心设计与安排来达到推销商品的目的，我们的任务是使中国书画应用于优秀包装设计的创意建立在准确的市场定位基础之上，掌握同类商品包装概况和现状、发展趋势及市场销售情况，通过充分的准备来探求新颖、生动、表现力强、不落俗套的包装设计。所以说，设计定位给基于中国书画的包装设计表现指明了方向，既利于消费者接受，又利于设计者表现。

1.品牌定位

有些人认为，包装就是品牌化，因为包装代表了品牌，并贯穿于品牌的生命之中，使品牌充满了活力。对用户来说，包装是产品的一部分，可以从包装中获取一个品牌的信息，产生对一个品牌的忠诚，用户对品牌的忠诚便成了包装设计的挑战所在。所以，中国书画元素在包装设计中应用时，也必须遵循包装的品牌定位原则。

在这个竞争激烈的时代，商品的品牌是至关重要的，它是产品质量保证的最好证明。使“牌子”长久不败的最好方法是严格保证产品的质量，树立好产品的品牌形象。“牌子”一旦推出，无疑就要对产品质量进行严格把关，产品的高质量反过来会对品牌的形象予以强有力的印证。品牌始终代表着企业的形象和文化。这里的品牌指的是产品的品牌定位。基于中国书画的包装设计品牌，要想成为全国性的品牌，除了需要拥有全国性的广告支持外，其包装中书画元素的应用必须以独有的方式融入民族精神之中，成为日常生活中的流行文化。许多产品都是如此，它们陪伴了人们的成长，人们在成年之后仍长久对其念念不忘。中国书画应用的包装设计商品不仅丰富了人们的生活、传播了信息、为人们提供了审美娱乐性，还给人们带来了更舒适的产品体验，这无疑是设计师的主要职责。然而，准确地传达自己真诚的意图，也是设计师的职责，因为他们不仅要处理好色彩、外包装方面的设计问题，还要处理好用户与品牌之间的关系问题。

中国书画元素在品牌设计中起着很重要的作用，将中国书画元素融入品牌设计中，使产品具有了特别的审美趣味及一定的价值意义。将中国书画中各元素所具有的独特魅力应用在包装设计中，不仅能够表现事物的表象，还能塑造平面事物的立体美，同时能够传达作者的思想感情。近些年来，中国书画其本身注重的不是实实在在的时间与空间感，而是其流露出的融合之美，这也就是人们通常所提的中国书画的“势”和“意”。中国书画的“势”和“意”是通过“形”来体现的，以整体和概括的方法表现其气势。以线条造型作为中国书画的特殊手段，“骨法用笔”体现了中国画所讲究的画线的力度感，这种力度感传达出了一种内在的精神美。例如，陈幼坚设计的“MRCHEN”茶包装，利用中国画线的特点画出了中国佛教文化的佛手变形，线条的圆润挺拔以及其艺术性极强的造型表现出了一种力度美和情感美，体现了该产品高雅的品位。

2. 产品定位

产品定位就是让消费者明白所选的商品是自己想要的东西，明白该产品的特点及适用人群等。不同地理位置的市场具有不同的需求与期望，而产品包装与品牌运作也必须根据目标市场的差异做出相应的调整。作为设计师必须考虑，包装要在哪些地区使用，那里的民风民俗将给设计带来何种机会与限制。

(1)产品产地

从基于中国书画的包装商品产地来考虑商品的设计方式，但必须具备的前提条件是商品的生产地要有一定的知名度，要考虑地域文化因素。各种茶叶都有其原产地，如西湖龙井在杭州、普洱茶在云南、铁观音在福建等。在进行茶包装设计的过程中，要充分考虑茶叶产地文化的特色。比如，进行西湖龙井茶叶的包装设计时，就可充分运用西湖文化的许多素材，凸显龙井茶的文化底蕴，做到既促销了茶叶又传承了文化，让人在西湖龙井清新鲜爽的幽香中，品位西湖文化的韵味。文化包括人类的各种活动，地域文化因素体现在设计中，可以是优美的地方风光的提炼、浓郁的民俗风貌的概括，也可以是独特地方神话传说的抽象，能让人从包装的图案、色彩等要素传达的信息中马上识别茶叶的品种与产地。在茶叶包装设计中，提取国画的元素，以国画为主体图形，也能收到意想不到的效果。比如，在黄山屯溪老街购买的各种黄山茶叶，其包装就主要以表现黄山风光的国画为主体图形，取黄山得天独厚的优美风光为素材，将黄山的自然美景与黄山的茶文化融化在国画的写意中，达到了意境深远的设计效果。产地在安徽黄山的毛峰茶的包装，多数就用黄山优美的书画风光作为包装的主体，既传达了茶叶信息，又宣传了黄山文化。

(2)产品品种

基于中国书画的包装商品有很多种，如食品包装、化妆品包装、酒包装等。其包装的特点、要求是不一样的。一般情况下，从商品的外部形象来直接介绍商品，效果生动而逼真。金生酱油突出食品的精致、美味、营养等特性，同时注重符合大众口味包装的商业性特点，起到促进销售的作用。中国书画应用到包装上，突出了酱油的悠久历史、独特味道，更好地吸引了广大消费群体的眼球。

基于中国书画的食品包装的外观设计得好，表现在让人第一眼看到，就有想吃的欲望。大部分设计师先选定整个包装设计的主色调，再通过分析产品的相关特性，以个性化的中国书画色调搭配吸引消费者的眼球，达到出人意料的效果。设计师要利用特别的书画元素或构成设计方法将其区分开，给予人们视觉上的便利性。

(3)产品档次定位

产品质量的不同决定了产品的档次不同。用书画元素进行设计时，要依据产品的高中低档位进行包装定位。产品包装设计，其书画元素要合理搭配，在视觉效果上占据一定优势，能使受众群体联想到商品发展的悠久历史及产品的优良品质，进而促进销售质量的提高。我们不能把档次低的产品包装得异常华贵，超出产品本身的价值，因为提高后的生产成本促进了商品价格的提高，使消费者承担不起这沉重的价格，最终导致商品便无人问津，这违背了其产品设计以人为本的原则。比如，在应用书画元素进行茶叶的包装设计时，要考虑茶的特点，在我国的文化中，茶文化是一种高深淡雅的文化，不宜进行繁琐过分的包装。目前，市场上的部分书画茶叶包装，看似很高档，却存在着过分包装的倾向，有的脱离了商品的属性，盲目地追求一种表面华丽的装饰和浮躁的色彩，与茶叶本身的质量不相符合。但是，也不能把高档产品的包装设计得太低档，使包装设计水平与其本身价值不符，要坚持适度的原则，量身定做。商品的包装在保证使用价值的同时，也是其商品品位的象征。

(4)产品特色定位

在进行基于中国书画的包装设计时，也应从商品的专门用途来考虑。如今，大多数商品的用途都具有针对性，很多设计者抓住这一点，将产品定位于“专项专用”这一特殊效能上，即进行产品特色定位。这种定位必将迎合消费者的心理，对有明确针对性的商品，格外偏爱和信赖，在销售导向的配合下显得积极而主动。

由于全国各地的产品各有特色，包括原材料、制作工艺、实用功能等，在做包装设计时要把这些所谓的“特色”表现出来，使其具有鲜明的亮点。比如，不同品种的茶叶给人不同的口感和文化感受。在红茶、绿茶、花茶这三种茶中，红茶强烈醇厚，传递华丽高贵的感受；绿茶清新鲜爽，传递清新淡雅的感受；花茶浓醇爽口，传递芳香保健的感受。不同茶种的这些特别的文化品质，在进行包装设计时都要给予充分考虑，使书画元素与包装的色彩搭配恰到好处，体现出其商品的特色。所以，三种书画应用的茶包装设计作为沟通商品和消费者的桥梁，必须根据茶种的文化品质，给消费者传达正确的商品特性。红茶：性温、祛寒、暖胃。绿茶：性凉、清热、提神。花茶：健康、美容、养生。也可以从商品包装的色彩来考虑，为了能够达到准确定位的目的，设计者可以采用与商品直接有关的色彩来反映商品属性，其中最常见的就是“形象色”的运用，即直接运用商品的形象色来展现商品特色，表现出商品的特有属性。

3.消费者定位

消费者定位，指对产品潜在的消费群体进行定位。以消费者为定位构思的前提，在整个销售过程中，消费者所主宰的是主要环节，所以定位于消费者，无疑是一个非常好的战略。在市场竞争日益激烈的今天，作为设计师要始终坚持以人为本的人性化设计原则，使自己的产品站稳脚跟。从国内外对消费心理和行为研究的历史和背景来看，各国发展的速度是不平衡的，在经济较为发达的国家，因为商品生产虽巨大，其剩余量也相应增大，为了将商品推销出去，促销活动极为频繁。我国消费心理学的研究始于 20 世纪初，此前飞速发展的经济使商品供应量越来越丰富，消费者有了更多的选择。消费群体不一样，消费观也不一样。所以，在设计商品时，首先必须进行调研，了解不同年龄段消费者的心理，掌握他们的不同需求点，使设计出的商品做到真正的人性化，快速占领市场。

将书画应用于商品包装最能打动人心的地方是成功利用了人的心理战术。在商品包装设计中，即使统一包装样式，应用不同的色彩也会产生不同的效果，吸引到不同年龄段的消费者。中国人对中国书画情有独钟，因此在包装设计中，要针对喜欢中国风的消费群体，进行水墨包装设计，在原有的基础上创新发展途径。

通过以上对定位进行的分析，设计者在进行基于中国书画的包装设计实践中必须运用联系的观点去考虑商品品牌、产品、消费者这三个因素，合理地将书画元素应用到包装设计中，更好地促进商品的销售。

（二）创意

进行基于中国书画的包装设计创意的关键是要学会构思。视觉传达的技巧是构思中非常重要的课题，构思的重点是包装设计内容的集中问题。开始构思时，设计者一般会由参考资料产生的思维对所想到的资料加以分析比较，主动选择有益于构思重点的诉求成分，并形象地体现出来。一般来讲，构思重点主要包括商品品牌、商品本身和消费功效三个方面，形式与内容要表达如一、具体鲜明，一看包装即可知晓商品本身的特点。可以用商品的名称作为构思重点，也可以用商品本身的形象作为构思重点，而具有相对固定消费群体的包装可以用消费功效作为构思重点，要以明确传达内在物的信息为重点，充分展示商品、提高商品竞争力、强化商品特征、树立企业形象。

在基于中国书画的包装设计中，因表现题材不同，所采用的表现手法和应用形式也有多处不同，如有开门见山说明事物概念的，也有直接获取文字与文结合来陈述事物的；有深究象征寓意暗示的，也有运用比喻委婉表达的；等等。但是，有一点是不可忽视的，即重视人文精神，重视以人为本的理念。设计思维要符合逻辑，创意手法要有可行性，顺应时代发展潮流。构思的重点和角度是更好地传达设计文化。在进行基于中国书画的包装设计时可采用以下设计方法。

1. 直接表现法

这是平时最常用的一种形式，可以对产品以真实的物象形态进行表现。为了保持永久的新鲜度，舍去多余花哨的元素，让商品或品牌形象自己大声地“说”是十分必要的。同时，直接表现并不是把商品形象或文字直接展现出来，而是在概括处理的基础上进行辅助表现，使主体更生动亮眼。当商品自身能“说话”时，直接表现的责任就在于帮助其说得更响亮和有力。直接表现的重点是透过视觉元素来介绍商品的特点，包括表现商品本身外观形态和用途等。

第一，对比法。又叫反衬法，就是通过主体与衬体的对比，衬体把主体衬托得更鲜明。具象或抽象的形与色的各种差异性都是对比应用的语言。

第二，衬托法。就是通过辅助体对主体物的反衬，使主体形象更加完美、整体形象更加统一，衬托的形象表现为具象和抽象两种。普洱茶的包装采用素雅的文字和书画的空白之美衬托普洱茶的品位和特殊的格调，凸显出其高贵的档次。

第三，夸张法。既可以整体夸张，也可以局部进行夸张变形。夸张法可以创造出各种新奇的形象，将其应用在包装中，会增添无限的趣味性。刺激元素在一定限度内的对比度愈大，人对刺激物的注意程度就会愈大。刺激元素使形象的特征与特色更加鲜明、生动，是强化包装形象的有效方法之一。这种表现手法在变化中求鲜明，不但要有所取舍，而且要有所强调，富有情趣，使主体形象更加生动。这种方法在娱乐用品、文体用品、食品饮料的包装设计中应用较多。湖南“酒鬼”酒包装，运用此种方法对国画人物形象进行了夸张，将人物“快乐”的表情形象融入商品之中，即把喝到酒的快乐表情展现到包装上，吸引消费者的眼球，值得一赞。

第四，重复法。通过两次或两次以上的复制，加强包装的整体视觉感，但是重复的次数不宜过多。注意其设计中，数量重复度、面的问题，避免花哨，使整个包装显得和谐大方。这种重复的方法，在基于书画的包装设计中同样适用，从而达到一种和谐的意境美。茶包装就是运用工笔牡丹花的重复进行设计，达到一种特殊的意境美。

2.借助表现法

借助表现法，即在直观视觉元素中并未直接出现，而是较为内在的一种技法，通过借助其他元素来进行情感对应。所谓借助涵盖了两层意思，其一是借助一种形象表现与之有关的另一种事物；其二是借助观者的某种共识或思维认识来完成表现。

典型的借助表现法有如下几个。

(1)比喻象征法

比喻重在形象化、通俗化、生动化及抽象概念具体化。一般的图形、色彩、文字都代表着不同的意义。象征的对象可以用与之相关的形象来代替，也可以用一部分代替整体的形象，如栈桥可以代表青岛、西湖可以代表杭州、钟楼可以代表西安等；个体可以代表一般，如一朵花可以象征花园、一个青年可以象征全国的青少年。不同国家的传统民族文化，传达着不同的审美意识和意境。例如，黄山松石茶，国画展现的并不仅仅是黄山的本身，而是通过其形象所传达出的一种美好的意境美和文化的艺术美。

(2)联想寓意法

联想寓意法是将因时间、空间上接近的两种或几种事物联想起来，借助某种要素的物质载体形象来传达某种寓意，引导观者的思维路线，由消费者主观联想产生的感受来弥补包装视觉上并没有直接表现的东西，可以具象，也可以抽象。联想重在诱导性，借助一定的形象表现技法诱导观众的思维认识向一定方向集中，商品本身的色彩、肌理会对包装设计的视觉要素产生影响；反过来，包装上的色彩、肌理也会激发对产品品质的联想。经过漫长的发展历程，人类在不同的地域和文化背景下形成了不同的人文环境、习俗习惯、宗教信仰，对图形和色彩也赋予了多彩的象征意义。

(3)以奇制胜法

以奇制胜法是指通过幻想才可能有的超现实或令人惊奇的不合理状态，以不合理但合情的感染力表现出一般处理手段无法表现的信息力和形象力。以奇制胜的表现手法，其独特的效果及明显的不合理性，反而并不会令人感受到欺骗。另外，这种较为反常的处理，也具有强烈的号召力。以奇制胜可以通过特定的色彩和造型唤起特殊感觉，以强化设计的艺术魅力，尤其是那些只能凭借视觉来把握的设计，要唤起其他的感觉，就只能利用强大冲击力的设计，使接受者受到强烈刺激，从而对产品形成全面、深刻的印象。国画中所追求的“似与不似”，实际上在艺术的过程中，已经概括提炼出了艺术形象。例如，月饼包装，泼墨形式的文字造型展现出了一种形神兼备的特殊艺术境界，将其应用在包装设计中，也算是一大亮点。

(4)抽象法

许多商品或一些信息难以应用具象形象进行表现，为求创意的新颖而采取点、线、面的抽象表现，主要包括规则几何化或不规则写意型两类。处理的方法有点、线、面作为画面底纹和边纹的辅助处理，对具象图形或主体文字加以点化、线、化的处理变化，以抽象的点、线、面作为主体形式表现，等等。中国书画的线条美，完全可以设计出具有特殊意境的点线面图画。

例如，“荷韵”茶包装，利用抽象的表现形式传达椅品的个性化，体现出荷韵茶包装的特殊文化意蕴。

总而言之，在中国书画应用的包装设计中，具体表现特色与特征要并重，简洁与丰富应相互融合，特征与特色对应于内容与形式两个方面，特征是包装信息的表现，特色是包装的形象表现。

四、设计

在运用中国书画艺术进行包装设计时，形成设计形式的前提是通过了解中书画的民族设计文化，最终把中国书画艺术设计的语言词汇表达出来，提取民族艺术的精华，来进行有意义的设计。本小节主要从包装设计的具体元素来谈，首先从书法文字字体设计谈起，然后再从国画元素的图形选择及色彩的搭配等相关方面对中国书画应用到包装设计具体影响进行研究。通过这些方面的相互协调统一，体现商品的设计定位。

(一)书法文字设计

在包装设计中，文字元素起到很重要的作用。不仅让受众详细地了解到了商品的相关信息，其识别性和可读性达到了一定的统一，同时也给商品赋予了浓厚的文化氛围。我国的汉字拥有极其丰富的字体造型，现在将其应用在包装设计中，不只是单纯地传达商品的相关有效信息，而且将一定的民族文化融入了包装设计中，使其在包装设计中有更大的发展空间。书法字体有着多种分类，具有丰富的造型表现力，应用在包装设计中能体现出商品包装的独特个性。中国书法艺术可以传达一种独特的书画意境及审美意象。包装设计中可以通过书法的点与线合理搭配的表现，来创造一种意境，使大众有身临其境之感，去用心地感动消费者，达到一种商品和人情感上的交流，提高吸引力，促进商品的销售。用书法作为视觉元素来传达茶文化，是有其独特韵味的。如“立顿”红茶包装，其中有一款为中国风味茶，设计者为了充分展现立顿的国际性形象，同时又能体现中国的茶文化，就以“茗闲情”作为副品牌名，且用毛笔书写，具有很强的东方情调，深受中西方消费者的喜爱。

书法艺术灵活性很强，线条的轻与重、浓与淡、缓与急、虚与实都表现出不同的笔墨效果，同时传达出作者不同的意境、心情，将强大的表现力与创造力融入包装设计中，创造出符合人性化包装理念的设计作品。用书法字体体现酒文化、茶文化是最好的，用其鲜明有力的线条来表达相关产品文化，具有亲切感。书法不单单只是一个符号，所以除了要符合视觉美感的要求外，更要符合字体传播的基本原则，应用过程中要注意以下几点。

第一，书法字体设计要充分表达内装物的商品属性与商品特征。

第二，书法字体字的应用可以不必拘泥于笔墨韵味，但要注意字形的美及字形的醒目。

第三，书法字体应具有良好的识别性、可读性，特别是篆体、草体等字体在运用时，为避免一般群众看不懂，可以进行适当调整及改造，使之既能被大众看清楚，又不失其生动的气韵。

第四，注意书法字体结构均衡、外形均衡、粗细均衡、比例均衡，但美术书法字体可相对个性化。

第五，书法字体要注意中紧、外松，上紧、下松，笔画参差避让，以免互相顶撞。

书法字体设计除字体形态外，编排处理也是形成包装形象的又一重要要素。如梅酒包装以突出文字字体作为设计的主要对象，在编排处理上，不仅注意字距等的变化，还注意单独或组合的排列方式，以及形式上的多种变化等。各种形式字体相互结合应用，根据设计创意的需要，在实际编排中设计出精美的形式，展现出其历史的悠久，为梅酒赋予了深刻的文化内涵。

文字是人类文明进步的重要工具，是文化的结晶，具备了个体形象之美、群体编排之美，是传达人与人之间情感沟通的符号，应用书画的包装设计体现了文字运用的艺术性、实用性。

(二)书画元素的图形表现

包装设计上的书画元素图形设计是传播信息的一种视觉方式，通常有描绘、书写、刻与印等方式。书画元素图形设计作为市场销售的一种表现方式，在包装中起到传递商品信息的作用，本身就可以作为一种传达信息的视觉符号，是最直观、最准确传达信息的一种手段。适合应用于包装的图形能使消费者第一眼就能了解到准确的信息，了解到商品的内置形态，它的直观性和亲和力能让消费者一眼选中它，展现出独有的艺术诱惑力，满足消费者的精神需求，令人赏心悦目。

1.抽象书画图形

生活中一些无规则的书画形成的自然形体，或是通过复杂书画元素提取的简化图形，具有一定的节奏感和视觉韵律美感。抽象书画图形的创造空间很大，通过笔墨形成有趣的书画图形元素，具有无限的发展潜力。一般是通过图形引起的感官联想传达一些个性的意识。这些形象的特征在细小的变化上稍作组合或改变，就成为另一种形象了。一种形象的特征往往是在与其他同类形象的比较中显得更为鲜明。例如，红茶包装在包装设计中可以利用一些笔墨特殊效果形成的抽象图形进行设计，让人联想到商品文化的悠久，增加商品中的诗意。

2.具象书画图形

具象书画图形具有真实性、客观性、典型性的特点，如工笔、写实的写意画。月饼包装设计中，采用中国画能够增加包装的艺术性，创造一种文化的意境美，给人以精神上的愉悦感，也可以提取中国绘画的符号语言，增加其产品品牌属性和礼品文化属性。

作为设计者，在应用书画进行图形设计时，针对不同国家的消费者要进行相应的考虑。这就要求设计者完全了解其商品输出的国家有关图形、事物禁忌的现状等。例如，备受我国人民喜爱的菊花在意大利、阿根廷、智利等国却很不受欢迎，尤其是黄色菊花更被看作“鬼花”。法国、比利时、西班牙、日本都把菊花，特别是白菊花作为葬礼用物。日本皇室顶饰专用的十六瓣菊花也不适宜在商业包装上使用。

(三)书画色彩应用

应用书画色彩的包装设计具有一定的色彩特性，色彩是一种视觉感受，不同性别、年龄、文化修养、宗教信仰的人对色彩的感受是不同的。在应用书画进行包装设计时，从各种色彩的心理特性来考虑会发现某些规律。作为设计者，要注意色彩主与次的关系，必须了解色彩的配色规律及相关民族的禁忌偏好和各类人群的喜好，更好地选用书画元素之间的色彩搭配。

日常生活中常见的色彩表现力体现在多方面，各个国家、民族对色彩喜好也有较大的区别，色彩体现的是商品的属性和特点。一个优秀的包装一定要选用恰当的色彩搭配，能够捕捉消费者的眼球。色彩的人文性有着特殊的象征意义，应用到包装设计后能展现出包装的特殊人文特色。对于商品的第一印象来自产品的包装，一定要加倍重视。由于政治、历史、宗教信仰、文化教育、风俗习惯等因素，不同国家和地区对色彩的喜恶也不同，为了使包装设计的设计色彩能够适应市场的需要，作为包装设计者一定要了解不同的民族的颜色禁忌，这样设计出的商品才能走向世界，深受不同国家人民的喜爱。

第七章 包装创新设计的视角与路径

包装是产品的保护壳，也是宣传商品的物质载体。独特优秀的包装设计能让人耳目一新、过目难忘，并潜移默化地影响消费者对这种商品的使用。要想获得与众不同的产品包装，设计师必须突破自己的认知局限，在日常生活中寻找灵感，学习借鉴优秀的包装设计，开阔自己的视野，发展创新思维，形成个性化的创意设计思路。

第一节　包装创新设计的原动力

一、环境的影响

营销环境随着时代的发展而不断地发生变化，对包装设计也产生了不可忽视的影响，促使包装设计进行创新以适应新的消费环境。

在当前这个信息技术革命与商品经济社会交叠的时代，营销环境、营销观念和营销方式都在发生着快速而显著的变化，商品包装设计在未来一段时间内的发展趋势如何，包装设计业界和高校包装设计课程有必要对其进行关注和研究。从宏观上认识和把握营销环境、观念的当下状态与发展趋势，有利于培养设计师和学生把握设计导向的能力，乃至确立良好的设计价值观。而对于微观营销环境的洞悉，则对有效解决具体的设计任务有着直接而紧密的作用。

在新的环境中，仍然沿用老旧的设计理念与方法，犹如把在省道上的交通规则与驾驶方式运用到高速公路上，有相似性但显然是不一样的。因此，需要创新设计理念、技术与方法来适应新的营销环境。我们需要分析究竟发生了怎样的改变，才好研讨如何创新以应对新的营销环境。

(一)电子商务的兴起

1.电商对包装功能重心的影响

当前,B2C这一新兴的零售模式,正开辟着零售业迥然不同的新格局。零售模式的改变,也将决定性地引发零售终端的变化,并带来商品包装的改变。

B2C是英文“Business－to－Customer”的缩写,即商家到顾客,是方兴未艾的一种电子商务模式,主要通过互联网开展在线销售活动,面向消费者销售产品和服务。

在生活中,B2C已经让人们感受到了相当大的改变,其中尤为明显的是终端陈列方式、消费者购物状态与体验、商品查找方式、购买决策依据、物流方式等改变促使包装功能的重心发生了偏移。

2.电商促使消费形式发生转变

在以往的购物消费中,消费者会前往超市,直接对商品信息进行了解后再决定是否购买,然后到收银台付款结束后带着商品离开。这是典型的先看实货再付费的“售前包装”形式。在B2C的模式中,消费者往往通过网页而非包装上的信息来了解商品,并通过查看大量其他消费者评价,以评估自己是否购买该款商品。消费者直接通过网络平台下单,付款结束后要等待一定的时间才能拿到商品。这是新兴的先付费后才能看到实货的“售后包装”形式。

不管是在商场先看到实物再付款,还是在网页上先付款才能见到实物,商品信息、包装及其消费者对商品的评价都是影响商品销售的重要因素。而可信的消费者评价,是可以对产品、包装和广告形象起到颠覆性作用的。在传统实体店,消费者难以获取其他人的消费评价,因而会更依赖包装形象及其承载的信息来作为购买决策的依据。在B2C的模式中,由于对商品和包装的实物感受不完整,购买决策依据更依赖于B2C网站的诚信、品牌影响力、网页对商品的介绍,以及消费者评价。其中,消费者的评价是决定人们是否购买该商品的重要因素,具有决定性的参考价值。而这种起着决定性的商品评价在商场中很难获得,却是B2C零售模式的一大亮点。正如人们所看到的,在京东、淘宝等知名B2C平台中,用户评价已经成为保障销售必不可少的重要内容之一。

B2C改变了传统超市的零售模式,使承载商品基本信息的载体由包装扩展到网页,甚至以网页为主。这种改变,使包装的性质从“售前包装”转为“售后包装”。而大量可信的消费者评价,则是保证“售后包装”能够顺利销售的重要条件,甚至使消费者主要倚重消费评价而非包装上的信息来评估自己的购买决策。

3.电商改变了商品的陈列方式

不同的商场销售的商品不同，对商品的陈列方式与检索信息也存在差异，所以产品包装也表现出不同的功能。

在普通的实体商场中，商品虽然不属于同一个品牌，但因为其均为同类，所以被摆放在同一个区域。在主流的零售终端超市里，这样的货架总是“寸土寸金”地被构建成一片拥塞密集的商品场景。于是，要有效达成商品“交换”的目的，大多数时候，必须先让商品引起消费者的注意。商品要想在一大片同类产品中脱颖而出，作为吸引人的第一视觉元素——商品包装就显得格外重要。只有独特、突出的包装才能吸引人们的眼球，增强商品的竞争力，从而让商品在货架背景中表现出与众不同。在B2C的模式中，商品通常是由若干图片共页或者逐页展示，其所构成的“货架背景”相对于传统卖场要显得单纯轻松得多。这就使B2C中的商品包装，不再需要像传统卖场中的包装那样竭尽所能地增强“货架竞争力”。

在传统的购物过程中，消费者总是被动地选择商品，在一个个货架前按照顺序逐行浏览以期获得想要购买的产品。但在B2C的模式中，消费者完全可以免去这种麻烦，只需要在相应的购物网页中输入想买商品的关键词或勾选符合的选项，就能快速检索出所需的一系列商品。查找与检索商品的不同形式，也改变了“货架竞争力”对商品包装的影响力。在商场或很多实体店中，为了提升商品的销售量，设计师在设计产品包装时，还需要将货架竞争力纳入设计的考虑中，从而设计出能在货架中脱颖而出的产品包装，以吸引人们的注意力。而在B2C的模式中，由于人们是先想到需要购买的商品再去检索，因此，包装设计在货架中的竞争力就变得微乎其微了。即作为商品载体的传统商场货架在该零售模式中已经消失，商品的检索方式以及信息的传递形式也发生了改变，因此，传统包装设计十分看重的“货架竞争力”也是不存在的。

4.电商促使消费者更重视包装

对于消费者来说，购物体验也在一定程度上影响了对商品的选择，站着买东西和坐着买东西，这两种不同购物的状态会导致截然不同的购物体验。在实体店中站着买东西的消费者，更倾向于迅速了解商品的主要特色信息，以尽快做出购买决策。由于是即时交易，购买前就已经看到、拿到了商品，因此购买时，人们也会多加关注商品外包装是否美观和完好。而B2C的模式中，消费者通常是坐着的，可以对感兴趣的商品进行重点、快速、全面的检视与“品味”。这使消费者在结合各种综合信息来做出选择意向时，往往也更有条件、更有需要通过图片观察商品及其包装的细节。

除此之外，消费者在实体店购买商品能在第一时间观察商品并拿到商品。而在B2C的模式中，消费者要经过网上浏览、对比商品信息、查看评价、下单购买后才能拿到商品，这些过程都需要一定的等待时间，增强了消费者对商品的期望，也丰富了消费者的购物体验。在这样的过程中，消费者关注得更多的是商品本身是否如愿所期。比如，在等待数日后，收到快递拆开包裹的时候，人们虽然也希望看到一件漂亮的包装，但此时此刻往往最希望看到的是被包装保护完好的商品。人们对包装的保护性预期远甚于包装的美化装饰功能。这样的预期，正是可以促使包装功能回归本质的重要动力之一。

5.包装的保护功能与绿色包装受到更多期待

商场及超市中的产品，通常是经集中物流分配到各个零售终端，再由消费者购买后自行带走。在这一过程中，商品零售出去后通常不需要额外的运输包装进行保护。而在B2C模式中，商品最终是通过分散的物流快递到消费者手中，这就需要考虑包装在分流后的物流过程中是否有效保护了商品，直到安全到达消费者手中。B2C使传统零售业中令消费者陌生的物流，不仅从集中转向分散，也从后台走向前台，使物流成为重要的消费体验环节。因此，包装设计师在设计时，要更多地考虑商品包装的“保护功能”，要充分发挥每一个可以改善消费者购物体验的因素的优势。

分散物流虽然给商家和消费者带来了便利，但这种物流形式也增加了包装的材料与人工成本，加之目前B2C电商普遍沿用传统包装，为了保护商品大量使用非环保的PVC材料制成气囊填充在包裹内。如此发展下去，PVC气囊将如之前被禁止在超市使用的一次性塑料购物袋，成为规模宏大的新一类环境污染源。这向政府、包装业界和设计教育界在“绿色包装”事业的进程中，提出了新的挑战。

(二)宏观政策的引导

改革开放以来，我国包装产业得到了快速发展，今天，传统的包装行业已发展成为一个能够灵敏地承接新科技革命成果、又吸纳大量就业的技术密集型与劳动密集型相结合的新兴产业。包装产业是中国少有的几个年产值超万亿元的产业。通过国家宏观经济政策的引导，特别是近些年来，我国的包装设计获得跨越式的发展，形成了较为完善的包装工业体系，产品的门类日益健全，很多包装设计产品取得优异的成绩，甚至获得不错的国际反响。

虽然我国的产品包装已经获得一定的国际影响力，但是包装产业“大而不强”的矛盾十分突出，呈现出集群合力不大、研发能力不强、转型速度缓慢等特点。目前，产业结构不合理、产品档次偏低、自主创新能力弱等问题，已经成为制约包装业发展的“瓶颈”和“软肋”。

随着科学技术的发展和工业的进步，信息化和工业化“两化融合”的趋势日益明显，使我国政府已经将其作为稳增长、调结构、惠民生的重大战略任务，这为包装生产行业带来了重大历史机遇和挑战。同时，绿色低碳环保的生活和消费理念在今天也已经深入人心，无论从现实市场需要还是社会与自然的长远和谐共处关系来看，这都是包装产业需要重点关注的问题。“中国制造”正在痛苦而充满期待地向着“中国创造”转型，这是中华民族要在新的世纪立足于世界、实现民族复兴的必由之路。伴随着民族复兴的，是中华文化在世界范围内的自信重塑与价值回归。

发展、品牌、国际话语权、两化融合、中国创造、中华文化，这一系列的关键词显示出我国包装产业来到了一个重大的、历史性的机遇关口。商品包装作为包装产业的重要构成部分，涵盖了从保存、储存、容纳、运输到销售的全部包装功能，灵敏又综合性地反映了市场经济、科学技术和社会文化的发展成就与潮流。在当前这一重大历史机遇时期，从宏观上对我国商品包装设计的价值取向、价值创造以及设计策略进行系统梳理与研究有着重大意义。一方面，宏观政策的引导能够促使我国的包装产业更加重视人文关怀与技术创新的融合，促使包装企业在获取经济利益的同时更加关注社会效益，促使市场需求与生态环保相协调。此外，能够发展出具有创造力的、独特中华文明的以及具有国际竞争力的品牌和商品。另一方面，人才是一个行业发展的根本保证，设计教育界工作的主要意义在于培养能支持设计行业持续发展的人才。进行“中国商品包装设计”的研究，对于培养在信息时代具有正确价值观的、艺术原创力与市场洞察力并重、中华文化素养与国际交流能力兼备的新一代包装设计人才，具有重要意义。

此外，近年来，随着我国市场经济的发展，政府陆续出台或修订更新了一系列法规、国家标准和条例，从产品质量、知识产权、消费者权益等方面保证市场经济活动中各方面参与者的合法权益，并且在执行层面较以前更为合格、规范。商品包装设计的学习者、教育者和从业人员，以及相关企业管理人员，如果不对这些法规、国标或条例加以重视和学习，便有可能在无意中违法、犯规，而使之前的一切关于包装设计工作的付出划归为零。

（三）绿色包装的流行

环保潮流对当今包装设计的发展趋势正在产生显著的影响。通常人们将符合“4 R+1 D”原则的包装设计，称为绿色包装设计。“4R+1D”即 Reduce（减量化）、Reuse（能重复利用）、Recycle（能回收再用）、Refill（能再填充使用）、Degradable(能降解腐化)。

在人们的生活中,绿色环保的包装设计已经从经济价值和社会价值层面获得了大量具有环保意识的消费人群的认同,并且其影响力正在全球范围内日益扩散,这也必将成为包装设计业未来发展的重要驱动力之一。要看到,无论是包装设计界还是设计教育界,目前对绿色包装设计方面的理论研究和实践探索都还在初期阶段。但这也恰恰意味着,作为今天的业界从业者们,需要借助绿色设计为人类文明与自然的和谐共处承担这一份厚重的历史责任。绿色包装设计,恰逢机遇,责也重,发展也大。

二、需求的变化

(一)设计师视角的引导

在包装设计中,设计师是设计链条中的核心,具有设计者和消费者的双重身份。作为设计师,以专业的视角和素养,扮演着引导消费潮流的角色,唤起大众对消费习惯和生活理念的关注,甚至可以提升大众的审美品位。作为消费者,察觉和体验生活中的需求,进而以专业视角进行分析。具有创意的个性化包装是设计师面对琳琅满目和缺少变化的商品包装所提出的解决方案,个性化包装的诞生是设计师求新求变的专业需求,也是消费者个性张扬的需求,两种需求合二为一就产生了创新包装的最终结果。这种结果既满足了作为设计师和消费者的需求,也丰富了包装设计领域。

(二)消费者的需求

消费者的需求分为生理需求和心理需求两大部分。生理需求是人的第一需求,即人的基本需求,是人类赖以生存的基本条件。只有先满足了基本的生理需求,才会有其他更高层次的需求。在日益丰裕的现代社会中,物质产品极大丰富,消费者不再仅仅满足于生理需求,也有了心理层面的需求,这也是创新包装设计的源头。消费者通过选择个性化包装来获得归属感和认同感,来宣扬自己的与众不同之处,从而在心理上得到安全和尊重,比如乐事薯片的笑脸包装,能让消费者在食用前获得一些趣味,增强顾客的消费感。可以说,消费主体的需求在某种程度上影响着包装设计的发展趋势。

(三)市场的需求

与其他艺术形式相比,包装设计不仅仅是设计师的主观创作,更属于以市场需求为核心的实用艺术范畴。它与市场经济活动联系更加紧密,处于设计个性化和商品市场化的双重要求下。

1.符合市场发展规律

市场的基本特征是交换,在交换中形成了价格、供求、竞争等规律。产品要与市场上其他的同质产品区分开来,就需要创新设计。作为商品不可或缺的重要组成部分,具有创意的包装会促进商品销售量,改变在同类商品中的比率,提高其市场占有率,达到经济利益最大化。从市场角度来看,包装设计作为促进销售的手段,不再是可有可无的配角,而是成为对市场规律产生重要影响的因素。因此,具有创意的包装要在实践中把握好设计的市场化和个性化,在市场中创造个性,在个性中开拓市场。

2.增强企业竞争力

面对产品日益细化的市场,许多企业进入了发展的瓶颈期,传统意义上的标准化包装开始失去对消费者的吸引力。企业要想重新赢得市场并得以发展,必须经过创新的洗礼,其中个性化的包装就是创新的手段之一。为了增强产品竞争力,继而增加经济效益,企业开始寻求标新立异的个性化包装来重新赢得市场。个性化包装以迎合消费者心理需求的形象,消费过程中的易携带性、安全性、环保性和方便使用等细节,成为部分消费者的目标。因此,个性化包装是企业创新的手段,也是企业创新的结果,是企业打造个性化品牌的重要环节,也是企业品牌文化内涵的体现。

(四)文明发展的需求

从纵向的社会文明角度上来看,创意性设计是文化发展到一定程度的产物。工业化时代倡导的理性和功能不再是主旋律,人性关怀式的设计成为了设计领域的主导。

在工业化时代,以功能为核心的"设计场",关注的是产品本身,包装设计主要以保护和运输的基本功能为主,具有机械、批量、重复、快速的特征。随着时代和技术的发展,以功能为主的包装设计不再是焦点,转而将人文关怀为主导的个性化创新作为包装设计的新视角。具有创新的个性化包装关注的是人本身,以解决消费者的使用以及心理、精神层面需求为关键,具有人性、亲和、创新等特征。由此可见,个性化包装的出现与发展,是从产品到人的关注点变化的结果,更是时代的需求和文明发展到一定程度的产物。

三、技术的进步

(一)包装工艺的发展

包装工艺主要指包装制作过程中的制造工艺。借由计算机技术的系统应用,当代包装工艺发展迅速,种类繁多。更新的技术,例如,包装的印刷工艺、成型工艺、整饰工艺、防伪工艺等,都经历了一个个改进完善的过程;又如,塑料包装用的挤压、热压、冲压等成型技术已逐渐用到了纸板包装的成型上,较好地解决了纸板类纸盒包装压凸(凹)成型的问题。很多不同材质的包装成型已借助于气压、冲击、湿法处理、真空技术来实现其工艺的简化与科学化。包装干燥工艺,也由过去的普通热烘转向紫外光固化,使其干燥成型更为节能、快速和可靠。此外,包装的印刷工艺也变得更为多样化。特别是高档商品的包装印刷已采用了丝印和凹印。还有防伪包装制作工艺,也由局部印刷制作转向整体式大面积防伪印刷与制作。

(二)设计技术的更新

互动是数媒新时代显著的标志之一,互动概念在包装设计中的运用由来已久。传统的巧克力被压制成由若干小块连接而成一板,外面使用锡箔纸包装。吃时可以根据需要轻松地成块掰下来,然后将缺口处的锡箔纸揉折起来,对剩下的巧克力进行再包装,既防潮又方便。自 17 世纪中叶软木塞和葡萄酒瓶结合使用以来,人们在贮藏葡萄酒时,会将葡萄酒瓶横着或者倒着放置。这样的行为使酒将软木塞浸泡发胀,从而令瓶内的葡萄酒能够长时间贮藏而不变质。在今天的超市里,我们能看到一些包装如果按照一定的规律排列,就会在货架上形成有趣的组合图案,比如伊利牛奶包装盒上的奶牛会从一个盒子“跳”到另一个盒子上去。

“互动”包装在产品保护、促进销售和使用便利等方面有着独特的价值,但是因为种种原因,互动设计的理念在包装设计中并不多见。随着数字媒体日渐成为主流的大众传播媒介,交互的理念、技术特征和用户体验成为设计行业关注的热点,也引发了包装设计界对互动设计的更多关注。事实上我们看到,在传统实体店超市中已经出现了使用二维码替代大量推广信息的包装。消费者用手机对二维码进行扫描就可以登录相关网站,对商品进行更多信息的了解。还有一种 3D 印刷技术,使用数字技术在包装上印制 3D 图文,人们只要晃动包装,就可以通过不同光线角度折射出不同图文信息,这为包装设计提供了新的创意实现方式。我们甚至可以推想，随着科学技术的发展，将来很多商品包装上印刷的信息可能会被一小块显示屏所取代。

第二节　包装创新设计的视角与思维

一、包装创新设计的视角

万众创业的当下，“创意”并非设计业界的专有术语。小伙子在追求女朋友时往往创意频出，而一个淘宝小店要想生意兴隆，店主也是绞尽脑汁地思考经营、推广上的创意。可以说这是一个人人欣赏创意、处处需要创意、不经意间一脚就在马路边踢出一个创意来的“大众创新”时代。

创意在面向大众进行信息传播时变得越来越重要，有创意的设计越来越多，做有创意的设计也似乎变得越来越难。在这样的背景下，艺术设计的“创意”要引爆人们的关注点，就需要更高的“温度”了。那么，我们还能从哪里去发掘令人耳目一新的创意呢？建议重视对“与众不同”和“与常不同”这两方面的思考。

与众不同，“众”字由三个“人”字构成。这里所说的与众不同的“众”，正好指三个方面的因素，即他人、自己、资料。在设计的视角、观点与创意表现形式上，不同于市场上的其他设计、不同于曾经的自己、不同于资料上的呈现。要与众不同，就应广泛地了解“众”，看看大家怎么样，思考大家为什么要这样，然后逼着自己想方设法地和大家不一样。要与众不同，需要明智地分析研究“众”，并能果敢地于人所未涉及之处加以创新。例如，敲碎鸡蛋一头使其立于桌面的案例等。需要特别提醒的是，创新容易，有价值的创新却难。“众”之所以为“众”，是因为一定有其合理之处。应该研究分析其中的规律，找出既能为“众”所接收，又可与“众”不同的创新突破点。因为，能为众人创造价值，才是包装设计创新的本意。

与常不同，即于大家习以为常之处，寻找创新的突破点。很多经典的创意延续发展到今天，已经成为普通日常生活中的一部分，人们不再因其是经典创意而给予多一些的关注，如过春节时，将“福”字倒贴于门上等。生活中还有无数初创时光彩夺人，到后来却因为习以为常而被人们视而不见的情形。但只要我们用心观察、体验、思考，到处都是涂写创意的好画板。另一些情形是那些没有人去做的事情，甚至是因为没人想到或者是有人想到但因种种原因没有去做的事情，不管怎样,这些情形也是创意的好土壤。

二、包装创新设计的思维

创新思维是相对于传统及常规思维而言的,不受常规思路的束缚,以全新、独特角度的方式研究和解决问题的思维过程。

(一)创新设计的思维过程

1.观察与发现

世界上不是缺少美,而是缺少发现美的眼睛。一个成功的设计师需要敏锐的洞察力,在看似平淡无奇的生活中,寻找到让人兴奋的创意。设计师要做的就是培养自己良好的积累和收集素材的能力,培养自己善于发现优秀创意的眼力。

2.分析与认知

包装设计的认知是设计师对于要表达的主题精准把握其创意的能力。这需要设计师对大量包装作品进行深入了解和分析,将视野打开并积累丰富的视觉经验,只有这样才能培养出对不同类型包装的表现形式的认知准确性。设计师的个人生活体验、阅历、综合素养、嗜好等所带来的视觉经验,会逐渐成为创作的信息积累和灵感来源。

随着数字技术的迅猛发展,许多信息和体验正逐渐被既定信息和间接体验所替代,这势必造成大量的信息重复和雷同。对于设计师来说,信息的多元化,一方面拓展了视野、丰富了视觉资讯,另一方面也会对设计的原创性与自我创造力的培养产生消极的影响。在学习的过程中,要时刻保持一份敏锐的洞察力,培养自己对信息筛选、分析、提炼、整合的综合驾驭能力,在多元化的信息中寻找灵感。

3.联想与发散

联想是人类所拥有的一种创造性思维方式,在进行包装创新设计的过程中,常常运用联想找寻与传达信息形成视觉关联的视觉形象。联想是由某一事物想到另一事物的思维过程,通过对分散在大脑各处的思维碎片进行衔接,使之转化为新的创意。发散思维又称为多向思维,是一种由点到面的思维方式,不受陈规旧矩的束缚,从一个立意点出发向四周无限扩散是创造性思维的核心。这种方法使设计师的思维更加流畅,思维空间更加广阔,可以从多方向、多角度捕捉创作的灵感,以求得多种不同的解决办法。

4.同构与重组

创新在于打破常规习惯,对元素进行重新组合。重组是一种再创造的过程,它分解事物原来的构成，然后以新的构想把几种不同的事物或意象进行有目的的重新组合。客观事物之间总是通过某种方式相互联系，只是联系的程度不同。当两种事物可互为联想结果时，这两种事物就具有了同构关系。同构的本质是“一对一”的映射，是由物态因素相似之间形成的一种状态，这种相似可以是一种视觉上的、心理上的，也可以是经验以及认知上的相似。这种联系正是联想的桥梁，通过这座桥梁可以找出表面毫无关系，甚至相隔甚远的事物之间内在的关联性，达到“情理之中，意料之外”的效果。同构联想的实质就是找到事物之间形的相似性与意义的联系性。

(二)创新设计的思维方式

包装设计的创新具有许多思维特点，这些特点影响着包装设计的进程和方向，也决定着包装设计的结果。充分发掘思维能动性的各个特点对包装设计的完成具有一定的推动作用。

1.形象性

形象思维也可称直观思维或艺术思维，是对事物感性的直观的认知。形象性是形象思维最主要的特点。形象思维是人与生俱来的能力，也是抽象思维的基础。形象思维是依靠直觉和感性的，人的情感使人感受一个事物的形状、色彩、方向等。而且形象思维带有一定的想象性，也就激发了创造性。

2.逻辑性

逻辑思维又称抽象思维，是思维的一种高级形式，是通过推理、总结、判断来对现实事物进行客观认识的方法，是以反映事物共同属性和本质属性的概念作为基本思维形式的。它与形象思维是有本质区别的，是更加严密、谨慎、科学的思维方式。在设计过程中，形象思维和逻辑思维是息息相关、相辅相成的，两者可以共同对各信息进行整合和提炼，从而完成设计所要求的最终目的。

3.跳跃性

跳跃性思维是思维过程突然的转换，是逻辑推理的意外改变。新观点、新思想、新理论常常从突变中产生，因此要善于抓住偶然性因素，把握那些无意间取得的结果，通过跳跃性思维使创新思维异军突起，进而获得新生。

4.发散性

发散性思维运用于包装设计中，从多角度、多侧面、多层次全面来表现创作主题，从而产生一系列相关的创造性成果。发散思维法作为推动视觉艺术思维向深度和广度发展的动力，是创造性思维的核心，是视觉艺术思维的重要形式之一。

5.原创性

包装设计中的元素是视觉传达艺术中的重要组成部分,具有独特创意的包装通常能够在公众心中留下深刻印象,也经得起时间的考验。原创可以无中生有、推陈出新。

6.归谬与逆向

归谬思维,是将事物正常的逻辑关系或表述方式中的某方面因素进行变形甚至极端化处理,从而得出夸张、滑稽甚至谬误的结果。逆向思维,又称反向思维,指从与常规相反或迥异的方向去思考问题。例如,具有简约轻松、调侃风格的高粱酒品牌“江小白”包装及其平面广告,因其迥异于传统白酒浓郁、厚重、端庄的普遍形象而大受关注。

第三节　包装创新设计的路径分析

一、创新设计的调研阶段

(一)明确创新目标

设计课题一旦立项,首先就应该明确创新包装设计项目的设计目标、方向、投资成本与时间要求、双方的责任与义务等,再做项目调研,以免除盲目、轻率、无效的设计活动与责任义务纠纷。依据明确的目标要求进行设计项目的产品、包装、消费文化与市场调查,制作项目调查表,收集翔实、准确、有效的信息资料,从而客观地分析研究。这是创新包装设计项目的基础。

(二)对产品进行设计前的调研

围绕设计目标和需要重点解决的问题,对产品进行完全资料调研,对于研判创意设计的着力方向、评估创意方案的可行性与风险程度都具有重要的意义。

完全资料调研,包括对设计项目及其各项关键目标有关的、所有可能查询得到的文献资料与实物资料进行全方位的调研。例如,设计橄榄油包装时,如果对橄榄的种植、生长、采摘和橄榄油的加工工艺、品质等级划分,以及对橄榄油的品牌与文化有所调研的话,就会发现国内大多数橄榄油商品的包装上不会出现青橄榄果的插图,而应该选择已经成熟的、适合榨油的、乌黑油亮的橄榄果插图了。

（三）确定创新设计的关键词

在进行创新设计时，参与人员最好把产品包装的创新目标以关键词的形式表示出来。可以列出几个关于这种产品定位和目标的关键词，以确保在后续的工作中能够清晰准确地围绕核心产品进行创新设计。

一款商品包装设计的过程，是由设计下单开始，经调研、定位、初稿设计、设计提案、深化设计、印前制作，到打样的环节才算完成，不少时候还需要延伸到成品效果阶段。在这样的设计过程中，设计师是主要的方案设计者，但是通常需要考虑设计下单的客户、商品经销商、商品的消费群以及包装生产厂家的需求和意见，并且设计创意和设计表现形式本身也具有相当丰富的可能性。在此诸多因素、诸多环节中，往往需要简洁明确的关键词来进行交流并确保各个环节的意见都协调一致，也确保设计工作不会失去重心甚至迷失方向。

（四）设计与工艺的总体定位策划

在进行设计课题调研，对信息、资料分析研究的基础上，决定包装的基本方式与层次，确定包装加工技术设备与工艺方式，这是具体的产品创意包装设计与包装技术处理的前提。特别是对新企业和新产品的开发性创意包装设计，包装的整体定位与工艺策划尤为重要，它关系到创意包装设计的类型、设备投资、工艺技术管理、商品生产加工方式与市场经济效益。即使是改进型创意包装设计，同样也需要考虑包装的整体策划定位与生产加工的设备条件，以适应现代先进工艺技术与管理的要求。

二、创新设计的探索阶段

艺术设计活动常将“创新”与“设计”联系起来称为“创新设计”，可知创新之于设计的重要性。包装设计实践中的创新，不是为了“创新”而创新。设计创新的目的是通过综合运用创意思维和视觉表现技巧，在受众的视觉和心理上形成富有新意、定位准确、印象深刻的传播效果。

创新对于包装设计具有举足轻重的作用，在快速发展的现代社会中，生活节奏不断加快，在超市货架前对商品进行精心对比再做出购买选择十分浪费人们的时间，缺乏新意的产品包装也很难吸引人们的注意，更不具备优势和市场竞争力。因此，某一商品若想在众多产品中脱颖而出获得消费者的青睐，就必须进行创新，吸引顾客的关注、引发好感、传递有效信息、促进销售，从而强化品牌形象。

带有趣味性的创新，总是能够让消费者产生轻松愉悦的感觉，从而给商品营造一个良好的销售氛围。好创意会加深人们对商品的印象，也会强化人们对于品牌形象的认知，正如人们在生活中对思维有特点、想法有趣的人的印象，往往比对那些刻板木讷、循规蹈矩的人的印象要深刻得多。

三、创新设计的实践阶段

（一）立足内涵，应景而生的“文体”创新

“文体”在文章中指文章的风格、体裁，也指设计的风格。文章的“文体”，似乎已经早有体系甚至泾渭分明。但是在包装设计中，“文体”却往往呈现出模糊混杂的状态。在这模糊混杂的状态中，于具体的某款包装而言，又似乎常常具有某种明确的倾向性。此外，同一款商品，在不同的市场时期，其包装的“文体”可能会是一以贯之，但也可能是逐渐变化甚至最终南辕北辙。因此，对包装的“文体”，虽然难以归类梳理，但是事实上也并无必要。

当包装设计面对市场时，人们总会以“这款包装具有某某风格特点”这类语言，对其进行探讨或评价。这又表明，人们需要包装具有某些风格倾向，并且还期望包装风格是有“特点”的，即希望看到有新意的包装设计风格。

有相当多的因素会影响包装文体的创新，但从总体上看，主要可以从以下两个方面来把握。

1.被包装物的名称

任何需要包装的物品，绝大多数时候是有名称的。而名称则往往揭示着其内涵、特征或其他诸如功效、产地、历史、文化等信息，而这些信息往往成为设计创意的重要灵感来源。如果被包装物暂时没有名称，那么在其他方面，如形状、材质、功能上，它总会属于某个类型的商品。被包装物依据不同名称，可以激发出不同的创新，如“米”“酒”“手机”到“有机米”“红酒”“智能手机”，再到“泰国有机米”“法国红酒”，名字不同，就会产生不同的创意因子。

2.商品被消费的情景

什么样的人，在什么时间，以怎样的方式来消费某件商品？这是一种怎样的情景？包装需要如何让这样的情景体验加分？比如一包饼干的包装，应该有怎样的风格设计才更吸引消费者？我们首先要看看这是面向儿童还是女性，抑或是大众皆宜的饼干，从而进行有针对性的风格设计。如果该款饼干是以居家消费为主，考虑到实惠和食用、清洁条件的方便性，包装规格可以设计得偏大一点，并且

不必要采用分零的小包装。但如果这饼干是以旅途休闲消费为主,则要考虑远程携带、多人分享的便利性和是否便于清洁,则需要设计小规格的分零包装。再如一款赠送老年长辈的保健品,如果设计成黑灰色调,可能年轻人会觉得很酷,但是真正的目标受众老年人可能就会觉得晦气。

尽管常常觉得,同类商品似乎约定俗成似的有着某种类似的"文体"。但设计不能对此"唯唯诺诺",而是要研究其规律,找出其背后的本质规律,才能放开手进行"有目标的创新"。例如,冬虫夏草是名贵的滋补藏药,因此长期以来许多冬虫夏草的包装设计风格都与藏文化、富贵气、喜庆且滋养的调性有关。而"极草"不但在服用方式上颠覆了传统,其在包装上也一反主流的带有传统富贵气的红金紫调,而采用剔透且带有高科技感的冷色调,让人耳目一新,明显区别于传统高端保健品主流的同时又让人瞩目并认同其高冷神秘的风格。究其原因,应该正是在于其找准了虫草乃是天地自然孕育的极致滋养品,并且"极草"颠覆性地运用现代科技提炼其精华从而改变了其服用方式。因此,"极草"的包装设计风格,以极简反厚重奢华,以立体造型反平面印刷,以科技高冷感反传统喜庆感,获得了很好的市场认同。

(二)立足内涵,借助文化的"词汇"创新

即便是同样的食材,以同样的食材加工方式,也难以做出风格迥异的菜肴。又如同样的砖头,同样的建筑工艺,却造就了今天世界各地如出一辙的高楼大厦。包装设计也是类似情形,同样的设计工具软件,同样的印刷工艺,同样的商品销售渠道,面对同一个市场中的顾客,造就了无数林林总总却又似曾相识的包装。所以,创新成为产品包装必然的发展方向。

事实上,根据设计对象的内涵以及其目标受众群对这类产品所属的、他们亦能理解与接受甚至崇尚的文化,创建基础的"设计词",并进行创新性的构建组合,哪怕设计出来的作品从表面上看平平凡凡,但由这些原创的"词汇"构建出的整体造型,总是给人既熟悉又陌生的新鲜感和值得细细品味的质感。

(三)品牌接触点的创新表达

品牌接触点是指顾客有机会面对一个品牌讯息的情境。每一个品牌接触点,都是提升品牌形象,建立、维系、加深品牌与消费者关系,提升消费者忠诚度的机会。品牌接触点可以分为主动接触点和自然接触点。前者主要通过设计实现接触,如广告、促销、公关活动等;后者主要是在正常的购买、消费活动过程中呈现的情形,如产品造型、包装设计、货架陈列等。

1.包装形态造型的创新

包装形态造型，是终端消费者第一眼接触到的品牌形象，会令消费者对品牌文化及商品品质产生第一时间的直觉判断。

包装的外在形态也通常是终端消费者第一时间产生直觉判断的品牌形象，但要注意的是，再漂亮的包装，如果顾客打开后发现商品已经损坏，其心情估计也很难“漂亮”起来。

包装的结构方式和容器造型是创新设计的重要载体。或者因为形象塑造的需要，或者因为某些功能的需要，或者因为生产工艺或生产成本的需要，不同的包装容器有着不同的内在结构、携拿方式、开启方式，并促成不同的包装容器造型。艺术设计专业的包装设计师们，一定不要草率地认为包装形态的保护功能是包装工程设计的事务。事实上，无论包装形态如何变化，有效保护商品总是第一位的重要因素。不能有效保护商品的包装形态，再漂亮也令人遗憾；而没有特色、不具备良好审美品质和感染力的包装形态，很难令商品在激烈的竞争中脱颖而出，也难以在终端中构建出良好的消费体验。

在实体店的货架上，我们所看到的商品的漂亮包装，绝大多数是经过厂家—总经销—分销商这样的渠道，经过较为复杂繁琐的物流过程，最后达到零售终端，然后拆除运输包装，得以通过销售包装的形式陈列在货架上。作为直接接触商品的销售包装，在物流过程中仍然要担负确保商品不被损伤、不致变质的功能；同时，还要具有良好的“货架竞争力”。因为在实体店的销售模式中，销售包装的“货架竞争力”太过重要，而使其保护功能常常被商家和消费者乃至包装设计师忽视。但这也从另一个角度说明，保护功能在今天已经是商品包装应该普遍具备的基础功能。

在越来越普及的电商物流中，包装对商品的保护功能要比实体店的商品物流重要得多。而同时，因为电商的物流包装会直接送到终端顾客手中，因此其保护功能与包装造型的形态会直接影响到消费者的体验，进而对品牌形象产生影响。所以，包装装潢设计工作应该更好地研究包装工程设计的内容，并与之进行良好的合作，以确保包装的形态设计在功能、美学、成本等方面取得合理的平衡。

在包装设计实践中，有时候客户会指定或者提供包装容器的形制与材质。例如，香烟包装大多数时候是采用业内同行的制式盒型，只需要设计师考虑图文信息的创意设计。而另一些情形是需要从容器造型、结构布局到图文信息进行全面系统的设计，如全新研发的酒包装、香水包装等。无论哪种情形，包装容器的结构及其造型在最终消费者面前，都需要与图文信息等其他方面的包装要素语言一同完整呈现。因此,设计师在进行包装创新设计时,应将包装结构及其容器造型与图文信息进行整体系统的创新设计。需特别注意的是,如果包装是透明材质,从外观上就能够看到真实的商品状态,那么一定要将商品的形态、质地、色彩等属性一并纳入包装的整体形态设计之中。此外,好的包装形态设计,最重要的是能在第一时间引发人们的关注、惊奇与赞叹,这需要借助于独特、巧妙、漂亮且定位准确的设计。

2.包装图文信息的创新

图文信息主要是通过其版式、字体、插图、色彩等要素的设计,来进行创新表达。

以图文信息为主要创新载体,对于大量快消品使用的塑料袋、复合纸袋和折叠纸盒的包装设计来讲显得尤为重要。因为这些包装的结构和材质通常为人们所熟悉,并且变化有限。在这类包装中,图文信息往往是承载创意的主要甚至唯一载体。

包装上的图文信息设计,主要从两个方面来考虑:一是信息内容的提炼与梳理,二是图文的样式风格设计。无论基于实体店商场货架的竞争需要,还是电商平台包装图文信息的创新设计上,需要注意三点重要技巧。

(1)纯“底”凸“图”

作为“底”的图文信息,其视觉样式宜尽量单纯;而需要强调的品牌、品种、卖点等信息,则宜以较为整体的形态凸显于“底”之上。

这样做的好处是,相对于繁杂的“底”在单纯的“底”之上,核心信息更容易被人关注。并且,单个包装因为其整体单纯,更容易从复杂的货架背景中“跳出来”;而当数个同款或系列包装并置于货架时,它们的“底”更容易融为一个整体,从而形成一片更大面积的“底”,使系列产品在货架上形成更大面积的视觉呈现,从而获得更强大的“货架竞争力”。

(2)内“合”外“别”

图文信息的风格,应该与大多数消费者对所包装产品的积极属性和心理感受相吻合。但是,要注意的是,在具体设计样式上,有必要与主流产品形成差异化。即包装图文设计的风格需要在“需求之中”“常态之外”。内蕴是被主要消费人群认可的,但形式是与主流常态相区别的。

(3)描“形”画“像”

在进行创新设计时,要描述和把握目标消费群对该商品的消费情形,揣摩其消费时心理需求之“心像”。这往往也是最见效果的图文风格的设计技巧。例如,在耳机的销售中，其产品的功能、推广画面、包装设计风格等，都与其目标消费人群的消费情形与心理偏好相关。

3.包装材料的创新运用

在进行创新设计时，包装设计师首先应该对相关的材料有所了解和掌握。材料是时代文明的象征之一，是创意包装设计的物质基础，无论是包装容器还是捆扎、包裹之类的包装，都必须通过一定的材料来实现。因此，根据不同性质的商品与物资，恰当地选择材质，并充分地利用和发挥各类材质的技术工艺性能、外观肌理、色调、成本造价等优势是创新包装设计重要的一环。尤其是对具有不同功能材料的选择、应用与设计，更直接地影响到包装的功能效果与加工工艺技术的实现。所以，熟悉掌握与应用各类包装材料的工艺性能特点，是现代包装创新设计人员应具备的基本素质之一。

目前常用的包装材料主要分为以下四类：天然材料、工业时代材料、传统人工材料、高分子材料。不同材质甚或同一类型材质均有着不同的理化特性，给人的色彩、质感都不相同，带给人的情感感受也不相同。土、木、竹、革等天然材料给人以天然、质朴、温暖或厚重的感受；金属、玻璃等工业时代材料，看不见原始材质，给人以机械、冰冷、华丽及工业时代的感受；纸、陶瓷、棉麻、锦缎等传统人工材料，看得见原始材质，给人以传统、文雅、温暖或精贵的感受；塑料、亚克力等高分子材料则给人科技感、神秘感、通透空灵的感受。如果将不同材质进行搭配组合，又会产生更加多样的质感变化。

包装材料的应用，应从设计的整体需要出发，围绕设计定位，从设计风格、经济成本和加工技术等角度综合考虑。设计师要根据自己的创新思路，科学合理地运用包装材料，使材料与造型设计完美契合。

4.包装工艺的创新发展

包装工艺是包装设计的重要组成部分，设计师在创新设计时，也要考虑生产工艺方面的创新，新的生产工艺或许更有利于创新设计的表达。例如，采用不同的印刷工艺会使图文信息最终呈现出不一样的质感；印后的整饰和成型加工，又更加丰富了包装的成品效果。

从一个设计师的角度看，那些人们司空见惯甚或已近淘汰的包装印制和加工工艺，说不定就潜藏着令人心动的创意。例如，使用烫印工艺在粗糙的纸张上烫压出凹陷发亮的黑色图文，就会比使用丝网印刷更能营造出一种厚重朴拙的效果。

包装加工工艺的质量，也会向人们传递相关信息。例如，好的设计若采用粗制的工艺，会让商品显得“山寨”；而普通设计如果加工工艺精良，也会向消费者传递“这是一个规范的企业”的信息。当然，理想的状态是设计好工艺也好。但是现实中，很多时候，设计师不得不在成本、技术条件和设计效果之间做出妥协，找到平衡。

四、创新设计的完善阶段

设计完善阶段，是在原始方案的主体部分已经初步确定后，对包装的信息内容及设计风格进行全面深入的推敲设计的过程。这个阶段，是围绕既定的设计定位，对包装整体效果进行调整和平衡。要注意的是，设计完善，不只是对“细节”的完善，更是对“关系”的推敲。

设计完善阶段，需要对信息传达的功能与层次关系进行细化；对各展示面内部及其之间的审美关系与风格进行平衡；对包装的整体风格进行细化和统筹。既要细化、完善各个基础视觉形态本身的造型设计，同时又要完善包装整体上的色彩关系和版面结构关系，还要仔细考虑设计方案在印刷工艺上的技术规范要求。

设计完善阶段，应该特别注意两个问题：一个是整体的信息与风格是否能正确反映，或者说能否准确回到设计定位上去；另一个是对需要突出的特色内容进行深化，完善其设计，确保其能够在第一时间打动目标受众。

创新后的包装产品在经过印刷出厂后就算完成了，不过，设计师要通过厂家反馈的销售信息以及消费者对产品包装的反应，及时掌握市场情况，调整和更新设计理念，以利于对该产品的改良设计，或为其他产品的包装设计做好设计前的准备。

第八章
包装废弃物的回收利用

"同样都是装饮料的易拉罐,因为设计上的一小点不同,我国每年就会因此比欧美国家多消耗大量的优质铝材。"在中国包装联合会循环经济专业委员会成立大会暨包装废弃物循环经济国际论坛上,中科院生态环境研究中心杨建新研究员的一席话让与会代表颇感惊讶。来自国家环保局的统计数据表明,在我国每年产生的庞大包装废弃物中,除纸箱、啤酒瓶和塑料周转箱回收情况较好外,其他产品的回收率相当低,而整个包装产品的回收率还达不到总产量的20%。全世界包装废弃物所形成的固体垃圾占城市垃圾的1/3,在我国这个比例超过了10%,但是回收和综合资源利用率极低,例如,纸包装回收率仅为20%～25%,塑料包装回收率只有15%。实现包装废弃物的正确流向可以带来不可估量的经济效益和社会效益,这对于经济实力仍有待提高、人均资源严重匮乏的我国尤为重要。

第一节　包装材料回收的定义

包装材料回收,就是将使用后包装或用后包装材料,即将或已进入废物箱或垃圾场时对其收集起来的活动。这些包装与包装材料收集后送往专门的地方进行有价值的处理与加工。

包装材料回收有很多积极的意义,如减少污染、节约能源。包装的回收可节约能源,其节约的能源量依其生产所耗的能量及所要回收的材料类别而定;还可节省资源,包装材料的回收可节省宝贵的资源,许多包装材料的回收再利用制造的包装与用原材料所生产的包装价值差异不大,或加入少量的原材料即可以提高其性能,如强度和韧性等。

第二节　包装材料成功回收的衡量标准

包装材料的回收体制分为两种：政府行为的回收体制和市场行为的回收体制。

政府行为的回收体制是由政府出面设立的相应机构，由该机构对包装废弃物进行回收专营。比如环卫机构和废弃物回收公司。

市场行为的回收体制是完全由市场规律决定其运作，主要以价值与效益为目的。回收品种具有选择性的特点，主要受市场价格的变动所影响。如自发形成的废品回收企业和废物回收个体经营者。

政府行为受到很多因素的制约，表现为突击性和被动性；市场行为的回收体制最具有生命力，但是需要管理部门建立健全的回收管理法规。

包装废物回收是否成功的衡量标准有四点：首先要有连续不断的包装废料来源；其次要有可行的回收和再处理设备；再次，用废料再生产出来的产品有用途，并有市场；最后要具有良好的经济效益。以上标准缺一不可。影响经济效益方面的因素包括收集的方便性和处理方法的成本。废料加工的产品的销售价格受市场左右，由于回收的废料和再加工产品价格的下跌，可能会使回收的经济性从获益转向亏损。

第三节　包装材料的回收方式

包装材料回收分别可从管理和技术角度加以分类。

包装材料的管理回收方式有组织回收（指由专门的组织机构或企业团体所进行的回收）；政府组织团体回收方式；社会团体回收式；相关活动回收式；企业回收方式；自发回收（指那些以回收包装废物为主业所进行的经常性或临时性的回收）；被动回收（指受到相关政策的制约，或受到某些法规的限制而必须进行的包装废物回收方式）。相关政策的制约包括税收制约、回收指标制约、污染指标制约、押金制约。税收制约是指某些包装的生产、销售通过加大税金来限制生产，而对其回收再生产则降低税金；回收指标制约是指有关执法部门对某些包装或某些地区所消费的包装确定回收量，或限制环境中的废弃包装总量；污染指标制约是指环境中的污染物、有关执法或管理机构对其制定出严格的指标，限制其废弃物的总量，并作为一个评定或者处罚标准；押金制约包装回收，又称保证金回收方式、它是按回收的百分比退还消费时所押的保证金，然后将回收的包装返回产品制造商。这种方法又称为“强制保证金法”。具体回收方式包括：主动回收（指那种给消费者带来某些好处和利益的回收措施）；集中分类收集回收（由相关的部门与消费者形成某种契约而进行的回收）；废物流动回收（是从消费者那里收购包装废弃物，而不是要求他们把包装废弃物送到收集点）。

包装材料的技术回收方式包括定点容器式回收和可移定点容器式回收。

另外，包装按照包装的级数回收方式可以分为一级回收、二级回收、三级回收和四级回收。一级回收是指按相同使用或类似于原来用途的方式利用回收包装，包装材料不降级使用。二级回收是指按回收后的包装改作与原包装用途不同的产品回收方式，包装材料降级使用。三级回收是指将回收的包装制成原料，而这种原料用作生产什么尚未确定的回收方式。四级回收是指将回收的包装焚烧掉作能源使用的回收。

按照包装的回路式回收方式可以分为“闭合回路”回收和“非闭合回路”回收。“闭合回路”回收是回收的材料仍旧发挥其原来用途，不考虑得到的过程；“非闭合回路”回收指的是材料回收之后重新利用不同于原来的用途。

第四节　包装材料收集系统分析

包装材料系统就是包装废物回收系统的简称。包装废物回收系统类似于生活垃圾的回收系统；因为包装废物主要来源于商业废物和家庭与日常消费产生的废物，所以包装材料的收集系统也可借助于生活垃圾的回收。

生活垃圾的收集系统有两种方式：一是拖曳容器系统；二是固定容器系统。生活垃圾的收集流程如下。

1. 牵引车从调度站出发到此收集线路开始一天的工作；2. 拖曳装满垃圾的垃圾桶；3. 空垃圾桶返回原放置点；4. 垃圾桶放置点；5. 提起装了垃圾的垃圾桶；6. 放回空垃圾桶；7. 开车至下一个垃圾桶放置点；8. 牵引车回调度站；9. 垃圾处理场或转运站加工场固定容器系统工作模式是垃圾桶放在固定的收集点，垃圾车从调度站出来将垃圾桶中垃圾出空，垃圾桶放回原处，车子开到第二个收集点重复操作，直至垃圾车装满或工作日结束，将车子开到处置场出空垃圾车，垃圾车再开回调度站。

第五节　包装材料回收处理

包装材料回收处理方式:分选、清洗、材料分离、干燥、破碎、压实。以下简要介绍一些处理方式。

分选,主要指将回收来的包装及包装材料按其品质类别所进行的挑选,具体的分选方式按其重复使用要求进行。

温度分离技术,根据不同塑料具有不同的温度特性而进行包装废物分离的技术叫作温度分离技术。各种塑料材料具有不同的玻璃化温度。利用塑料材料不同的脆化温度,将废旧塑料材料混合物分阶段逐级冷却而达到分离效果。

干燥,为便于贮存、运输、加工和使用,需要将生产的产品或半成品进行除湿的操作叫作干燥。

破碎过程中涉及很多问题。固体废物的机械强度是指固体废物抗破碎的阻力。通常用静载下测定的抗压强度、抗拉强度、抗剪强度和抗弯强度来表示。其中抗压强度最大,抗剪强度次之,抗弯强度较小,抗拉强度最小。一般以固体废物的抗压强度为标准衡量。抗压强度大于 250 MPa 者为坚硬固体废物;40～250 MPa 者为中硬固体废物;小于 40 MPa 者为软固体废物。

固体废物的机械强度与废物颗粒的粒度有关,粒度小的废物颗粒,其宏观和微观裂缝比大粒度颗粒要少,因而机械强度较高。在实际工程中,鉴于固体废物的硬度在一定程度上反映废物破碎的难易程度,因而可以用废物的硬度表示其可碎性。在需要破碎的废物中,大多数呈现脆性,废物在断裂之前的塑性变形很小。但有一些需要破碎的废物在常温下呈现较高的韧性和塑性,这些废物用传统的破碎机难以破碎,需要采取特殊的措施。如废橡胶在压力作用下能产生较大的塑性变形而不断裂,但可利用其低温变脆的特性而有效地破碎。又如破碎金属切削下来的金属屑,压力只能使其压实成团,不能碎成小片或小条、粉末,必须采用特制的金属切削破碎机进行有效的破碎。

在破碎过程中,原废物粒度与破碎产物粒度的比值称为破碎比,表示废物粒度在破碎过程中减小的倍数。破碎机的能量消耗和处理能力都与破碎比有关。

固体废物每经过一次破碎机或磨碎机称为一个破碎段。若要求的破碎比不大,一段破碎即可满足。但对固体废物的分选,例如对浮选、磁选、电选等工艺来说，由于要求的人选粒度很细，破碎比很大，往往需要把几台破碎机依次串联，或根据需要把破碎机和磨碎机依次串联组成破碎和磨碎流程。

根据固体废物的性质、粒度大小，要求的破碎比和破碎机的类型，每段破碎流程可以有不同的组合方式。破碎机常和筛子配用组成破碎流程。

1.单纯的破碎流程

单纯的破碎流程具有流程和破碎机组合简单、操作控制方便、占地面积少等优点，但只适用于对破碎产品粒度要求不高的场合。

2.带有预先筛分的破碎流程

其特点是预先筛除废物中不需要破碎的细粒，相对地减少了进入破碎机的总给料量，同时有利于节能。

3.带有检查筛分的后两种破碎流程

其特点是能够将破碎产物中一部分大于所要求的产品粒度颗粒分离出来，送回破碎机进行再破碎，因此，可获得全部符合粒度要求的产品。

湿式破碎是利用特制的破碎机将投入机内的含纸垃圾和大量水流一起剧烈搅拌和破碎成为浆液的过程，从而可以回收垃圾中的纸纤维。这种使含纸垃圾浆液化的特制破碎机称为湿式破碎机。

在该机原型槽底设有多孔筛，靠筛上安装的切割回转器的旋转使投入的含纸垃圾随大量水流一起在水槽中剧烈回旋搅拌和破碎成为浆液。浆液由底部筛孔排出，经固液分离将其中残渣分离出来，纸浆送至纸浆纤维回收工序进行洗涤、过筛脱水。难以破碎的筛上物质(如金属等)从破碎机侧口排出，再用斗式脱水提升机送至装有磁选器的皮带运输机，将铁与非铁物质分离。

半湿式选择性破碎分选是利用城市垃圾中各种不同物质的强度和脆性的差异，在一定湿度下破碎成不同粒度的碎块，然后通过不同筛孔加以分离的过程。该过程是在半湿(加少量水)状态下，通过兼有选择性破碎和筛分两种功能的装置中实现的，因此，把这种装置称为半湿式选择性破碎分选机。

半湿式选择性破碎分选的优点很多，如能使各种废弃物在一台设备中同时进行破碎和分选作业。可有效地回收废弃物中的有用物质。从第一组产物中可得到纯度为 80%的堆肥原料——厨房垃圾；从第二组产物中可回收纯度为 85%～95%的纸类；从第三组产物中可得纯度为 95%的塑料类，回收非铁纯度达 98%。对进料的适应性好，易破碎的废物首先破碎并及时排出，不会产生过度粉碎现象。

对于在常温下难以破碎的固体废物(如汽车轮胎、包覆电线、废家用电器等)，可利用其低温变脆的性能而有效地破碎；亦可利用不同的物质脆化温度的差异进行选择性破碎,即所谓低温破碎技术。

低温破碎通常采用液氮作制冷剂。液氮具有制冷温度低、无毒、无爆炸危险等优点,但制备液氮需耗用大量能源,故低温破碎的对象仅限于常温难破碎的废物,如橡胶和塑料。

低温破碎时,将固体废物如钢丝胶管、汽车轮胎、塑料或橡胶包覆电线电缆、废家用电器等复合制品,先投入预冷装置,再进入浸没冷却装置,橡胶、塑料等易冷脆物质迅速脆化,送入高速冲击破碎机破碎,使易碎物质脱落粉碎,破碎产物再进入各种分选设备进行分选。

第六节　各种包装材料回收利用

一、纸包装材料及其回收利用

(一)纸包装回收利用现状

随着文明的进步和发展,纸制品的用量越来越大。然而用于造纸的森林资源越来越少,所以对废弃纸制品的回收、处理、再利用已引起了世界性的高度重视,各国已经开始以先进的措施和科技手段进一步提高处理回收技术,加大纸制品的回收量。

我国对废纸回收的法律规范和政策支持还不够具体、不够到位。而废纸回收做得比较成熟的国家,大多有一整套对各方面的利益考虑周到、操作性强、细节量化严格的回收法律体系。

人们在论及环保和资源循环利用时,总是喜欢强调中外国民观念上的落差,可实际上,法律定规矩,规矩养习惯,习惯成自然,自然化观念,这是一个过程。给回收利用的一个个具体环节以合理的规范,包括废纸利用在内的“循环经济”才能真正成长起来。

(二)纸包装材料回收途径与方法

用废纸或废纸板做原料,可以制作农用育苗盒,采用生物技术生产乳酸等化工产品,还可以生产各种功能材料如包装材料、隔热隔离材料、除油材料,亦可用于制作纸质家具等。

制作农用育苗盒以及改善土壤土质，利用废纸纤维特别是一些低档次的废纸纤维与玄武岩纤维或矿渣纤维育苗盒。产品可自然降解，降解后即成为土壤的母质，因此，不对环境造成二次污染。由于加入了玄武岩纤维或矿渣纤维，产品的硬度高，既便于使用，又可节约部分植物纤维。此技术的优势还在于所使用的废纸纤维不必经过脱墨等处理，避免由此产生大量废液，有利于节约宝贵的水资源并保护生态环境。在美国亚拉巴马州的部分牧场，有的地方土壤板结，寸草不生。该州土壤专家詹姆斯根据废纸在土壤中不会很快腐烂变质的特性，采用碎废纸屑加鸡粪和原土壤拌和来改善牧场的土质。其比例为：碎纸屑 40%，鸡粪 10%，原土壤 50%。这样，废纸在鸡粪中的基肥细菌的作用下，可以迅速腐烂变质，使土壤在 3 个月内，即变得松软异常，不仅适合生产牧草，使牧草生长旺盛，而且可种植大豆、棉花和蔬菜等多种作物，且产量颇高。同时，对牧场的土地也不会产生任何副作用。如果在两年后，对这些土地再补充新的碎废纸屑和鸡粪，土壤就会变得更加肥沃、更加疏松。

采用生物技术生产乳酸，以旧报纸为原料生产乳酸属于一种低成本的生产方法，乳酸可用于发酵、饮料、食品和药物生产中，它作为可生物降解塑料的原料也具有很大的吸引力。生产乳酸的方法是：首先用磷酸把旧报纸处理一下，然后在纤维素酶的存在下制成葡萄糖。该工艺比通用方法使用的纤维素酶用量少且时间短，由此得到的低成本葡萄糖可通过普通发酵方法制得乳酸。

生产隔热、隔音材料。利用废纸或纸板生产密度小，隔热、隔音性能好，价格低廉的材料，是一种节约资源、变废为宝的有效途径。其生产方法大致为两大类：不使用黏合剂和使用黏合剂的生产方法。不使用黏合剂的生产方法，将废纸或纸板湿法疏解成纸浆，在纸浆中加入无机多泡材料如珍珠岩，然后在不使用黏合剂的情况下将其注入板状、圆柱体或其他形状的模具内，经脱水、干燥，则得到所需形状的隔热、隔音材料。使用黏合剂的生产方法，该方法与前述不使用黏合剂的方法类似，将废纸或纸板干法分散成纤维状。不同之处是掺入黏合剂之后再经过冷压或热压挤实成型。

生产除油材料。在水中将废纸分离成纤维，加入硫酸铝，经过碎解、干燥等处理后，将其作为除油材料，可除走固体或水表面的油。该材料价格便宜、安全，制造工艺简单，不必用特殊的介质如合成树脂来浸渍；原料来源广泛，且使用后可燃烧废弃。

废纸发电。英国废物处理局近年来推出了一种高效、廉价的废纸处理方法——废纸发电。将大批包装废纸用烘干压缩机压制成固体燃料，在中压锅炉内燃烧，产生 2.5 MPa 以上的蒸汽，推动汽轮发电机发电，产生的阔气用于供热。燃烧固体废纸燃料放出的二氧化碳比烧煤少 20%，有益于环境保护。

制造复合材料。美国的研究人员研究出利用废纸制造复合材料的方法：将旧报纸研磨成粉末，再与聚乙丙烯、高密度聚乙烯树脂、乙丙橡胶、2，6－二丁基－4－甲基苯酚等按一定比例混合，预热到 75～80℃，用搅拌机以 1000 r/min 的转速搅拌 25 min，当温度达到 162 ℃时，混合料中的热塑性物质开始熔融，同时废纸进一步破碎，温度达到 225 ℃时降低搅拌速度，使混合料颗粒化，并注入成型机中成型。这种利用废纸生产的复合材料的热稳定性及防火性均优于一般树脂。并且成型性好，收缩少，在空气中不吸潮，稳定性好，适合于制造汽车零件。

制造新型建筑和装饰材料。日本《读者新闻》和两家公司合作，利用旧报纸制造新型建筑和装饰材料。其制作过程是：先将旧报纸与废木材一同粉碎成粉末，再加入由农用薄膜等原料制造的特殊树脂并加工成型。将成型后的材料表面磨光，并印刷上各种木纹后，外形就和真木材一模一样了。该材料的优点是具有木材的清香，强度可与某些合金相媲美，同时防潮能力强，最适合做建筑外部平台的铺装材料。

印度中央建筑研究院的科技人员利用废纸、棉纱头、椰子纤维和沥青等为原料，模压出新型建筑材料沥青瓦楞板。用这种沥青瓦楞板盖房屋，隔热性能好，不透水，轻便，成本低，还具有不易燃烧和耐腐蚀的特点。

制作纸质家具，近年来，国外已悄然兴起用纸板制作家具热。纸制家具质量轻，组装拆卸非常方便，省时省力，且造价低，又易回收，便于家具更新换代。其制作工艺简单，只需将各种废纸收集起来，经压缩处理制成一定形状的硬纸板，即可像拼积木一样组装成各种家具。在家具表面涂上保护漆，可解决“忌负重”和“怕水忌潮”的问题，很适合我国目前的住房状况，且可以节约木材资源，保护生态环境。

生产酚醛树脂。日本王子造纸公司研究成功的是将废纸溶于苯酚中，用来生产酚醛树脂的新技术。因苯酚与低分子量的纤维素和半纤维素相结合，故制成的酚醛树脂强度比用苯酚和乙醛为原料所制成的产品强度高，热变形温度比以往的酚醛树脂高 10℃，在生产中，旧报纸及办公用废纸均可作原料，但使用办公用废纸为原料成本低，仅为使用旧报纸的一半。

回收甲烷。瑞典隆德大学的专家，将废纸打成浆，再向浆液中添加能分解有机物的厌氧微生物的水溶液；然后移入反应炉，炉中废纸浆液里的纤维素、甲醇和碳水化合物等转变为甲烷；再用酶将木材抽出物除掉，即可得到燃料甲烷。

当然，以上回收包装纸方法和用途所占比例较少。废弃包装纸被回收后，主要用于生产纸浆制品。

废纸加工的过程主要是指废纸浆系统，纸浆制备完成后，其余工序与常规的造纸工艺完全相同，此处不再赘述。废纸制浆流程包括碎解、净化、筛选、浓缩等几个阶段。

废弃包装纸的回收处理工艺的前期过程的工艺程序大致为：废纸的初步清理与分类筛选；废纸的碎解（包括初级净化）；废纸的脱墨（包括去热熔物）；油墨的清洗与分离。

由于废纸中含有各种性质不同的杂质需要除去，故废纸制浆的关键问题是筛选净化，整个废纸制浆流程实际可归纳为碎解与净化。塑料及其他合成材料在造纸工业中的应用，致使废纸制浆筛选、净化复杂化，并相应地需要采用新的方法与设备。对于经过印刷而涂染上各种染料和油墨的废纸的脱墨问题，也变得复杂。

废纸的碎解实际上就是将废纸借助机械力粉碎成纤维悬浮液，同时去除废纸中的各类轻、重杂质，为下一段废纸的脱墨做好准备。

废纸碎解是废纸制浆流程的第一步。目前广泛采用水力碎浆机碎解废纸。它具有良好的疏散作用而无切断作用，在处理含有砂石、金属硬物等杂质的废纸时，不致损坏设备，所以是一种可靠和有效的碎解设备。碎解后还要进一步通过疏解机将小纸片充分疏解分散，才能转入下面的净化、筛选和浓缩等过程。

水力碎浆机有立式和卧式、单转盘和双转盘、间歇操作和连续操作等不同形式。通常使用的立式单转盘水力碎浆机。可以间歇操作，也可以连续操作。它的主要构件是槽体、转盘（或转子）和底刀环。一般转盘的圆周速度为 1000m/min，槽体直径为 1～6m，容量为 0.34～57m^3，生产能力为 4～200t/d。我国目前水力碎浆机立式的容积有 1m^3、2m^3、5m^3、9m^3（分别配用 22kW、40kW、55kW、75kW 电动机）等几种瑠号；卧式有容积 2.5m^3、5m^3 两种。典型水力碎浆机的工作原理是利用转盘转动时带动水产生涡流，使废旧纸在水的回转和回转刀刃的切断下碎解成为纤维的悬浮液。

间歇式水力碎浆机直径为 0.6～0.7m，最大的一次可装料 14.5 吨。碎浆浓度为 6%～8%，筛板孔眼范围较大，为 6～8mm。它的优点是对浆料碎解比较稳定，能正确掌握下料、加水量和时间。为保证化学药品同油墨的充分接触，需要脱墨的浆料以采用间歇式为宜。

间歇式碎浆大多用于废纸的疏解，特别适用于废纸脱墨、旧箱纸板、旧双挂面牛皮卡的疏解。间歇式碎浆要求纤维 100%疏解并给予加入化学品或加热的充裕时间，加料时通过控制料重和加水量，以保证所要求的疏解浓度，直至充分混合。

连续式碎浆大部分用于产量高的工厂，它不要求纤维的完全疏解，纤维抽出后做进一步的处理。转子叶片的设计保证了孔板不会堵塞，扁平向下的叶片强化浆流从孔板通过，而有后缘的叶片则将任何残留于底板孔内未疏解的纸浆或污染物从孔内脱出。根据废纸所含杂质程度的不同，底板开孔分为两种：一种是开大孔，孔径为 9.5～25mm(一般为 16mm)，其主要目的是将一些轻重杂质保持较大的原状通过孔板，以便在下一个工序中除去，获得较清洁、较高质量的废纸浆；另一种底板则是开小孔，孔径为 4.5～6.4mm，适用于较清洁的废纸原料如纸盒和瓦楞纸切边等。小孔底板可根据需要十分容易地更换为大孔底板。连续式碎浆机配套有自动绞绳装置、废物井和去除轻、重杂质的抓斗，抓斗既可抓起沉于废物井底的重杂质，也可除去浮在废物表面的轻杂质。为了使后续工序能够有序地进行，连续式水力碎浆机的纸浆浓度必须得到有效的控制。

废纸的疏解是将尚未解离的小纸片碎解成单根纤维的过程。在废纸回收的过程中，各种尺寸、各种涂布、各种湿强度等级的废纸都有，但在破碎过程中，高湿强纸需要进一步地离解才能满足要求。疏解机是常用的疏解设备；圆筒筛在一定范围内也具有疏解效果，它们处理浆料的浓度都为 3%～6%。

疏解是碎解的继续，其目的是将纤维全部离解而不切断损伤纤维，降低纤维强度。对于较难处理的废纸，保持高碎片含量的非连续式碎浆之后使用疏解机疏解是比较经济合理的做法。有资料证明，当离解率达 60%时，离解效果最高，动力消耗不多；但当离解率达到 75%时，动力消耗剧增，而离解率却提高的不多。使用水力碎浆机将废纸达到完全碎解所消耗的动力太大，故废纸后期的碎解任务由疏解机继续去完成，借以节约电耗。不宜采用水力碎浆机高比率离解，否则将严重损伤纤维，降低纤维强度。故应采用疏解机等疏解设备来完成后期的离解任务，这对提高离解效果、保证废纸纤维的强度、降低动力消耗都有好处。

与碎浆机相似，疏解机破碎废纸碎片的原理也是靠力的作用，包括机械力、黏性力、加速力或者它们的合力，这些力比碎浆机的力更大，碎片破碎的可能性也更大。因为它们既受到剪切力，又受到疏解机压力。但疏解力毕竟是有限的，对于高湿强度纸，需要更高的疏解力，故通常采用高温和添加化学药品的方法来实现这一目的。碎浆机和疏解机中不同处理条件下，所消耗的动力和碎片含量之间的关系，包括单纯的机械力、机械力加温、机械力加升温加化学药剂三条曲线。其中所用的化学药剂为碱性或酸性的化学药剂。

疏解机不仅在几何形状上与碎浆机相似，而且流动特征也相似。因为筛板上有更细小的筛孔，在这些地方会有很高的能量强度，因此与碎浆机相比，疏解机的疏解效果和动力消耗更加有效。圆筒筛远不如疏解机的效率高，因为不是所有的碎片都能受到高碎解力。

对疏解机来讲，其效率很大程度上取决于废纸浆料中的污染物。因为疏解机对于碎纸片有更强的破碎力，粗渣容易阻塞筛孔，因此，前面需要更有效的净化和筛选系统。因此，从技术角度讲，圆筒筛是更经济的设备。

在得到洁净的悬浮液前提下，节约动力的一个方法是疏解后再经过后面的筛选以除去大片的废纸。特别难处理的浆料通常还采用较高温度下化学药品处理的方法，以降低纤维间结合力，从而使离解更容易。处理过程中使用分散剂也是一种有效降低碎片含量的方法。

废纸的脱墨是废纸重新再生的关键环节，因为原废纸是经过印刷成有各种痕迹或颜色的，如不在碎解时将颜色彻底脱除，造出的纸浆将无法使用。脱墨过程应当与碎解过程同时进行。其原理是：印刷油墨主要是以炭黑、颜料以及一些填充剂等粒子分散在有连接料的溶剂中（聚合物树脂、植物油、矿物油、松香等）。这些颜料等粒子包裹于具有黏性的连接料中经印刷而黏附于纸张的纤维上。而脱墨则恰恰是与之相反，要破坏这些粒子与纤维的黏附力。

废纸脱墨的最终效果有赖于机械动力、热力、化学药剂和脱墨设备。在碎浆机动力作用下，废纸上的油墨被撕裂成碎块；在脱墨剂的化学作用下，墨粒被进一步分散变细甚至完全溶解，如有热力的配合，这种作用会大大加强；溶于水中以及分散得很细小的墨粒可以通过水洗去除，而剩下的较大墨粒则须通过脱墨剂的捕集和浮选作用，在后面工序中分离去除。

脱墨剂一般均由多种化学品组成。在脱墨过程中所起化学和物理作用各不相同，有些药剂也同时起着几种作用。因此，整个脱墨过程实际上是在多种脱墨组分的作用下，互相补充、互相完善下进行的。如皂化油墨粒子需要皂化剂；而分散剂的作用是分散和游离油墨粒子；为了不使油墨粒子重新聚集并覆盖在纤维表面上，就要加入吸附剂吸附油墨粒子；还有使废纸脱色的漂白剂；为润湿颜料粒子，使之乳化便于分离溶出，还应有清净剂等。因此，脱墨剂的配方应是使废纸上的油墨产生皂化、润湿、渗透、乳化、分散等多种作用的综合体。作为废纸的脱墨剂，应满足以下要求：①有助于废纸的疏解和脱墨，不产生脱墨后的再吸附现象，使被分离的墨粒容易除去；②降低纸料中含碳量，提高白度，浮选法去污时，碳粒能顺利地随气泡排走；③不影响制成纸浆的得率和纸机生产；④废水易治理。

要破坏这些粒子与纤维的黏附力，就要采用各种方法，或使用化学药品，或加热与机械的共同作用，使得连接料皂化并溶解，从而使油墨和颜料从纤维表层分离下来。具体的脱墨方法有浮选法法、洗涤法、超声波法、溶剂法、蒸汽爆破法、酶脱墨法、附聚脱墨法和酶—超声波协同脱墨法。目前广泛使用的就是浮选法和洗涤法。

洗涤法脱墨是最早使用的传统方法。洗涤法脱墨时，脱墨剂中必须加入分散剂和抗再沉积剂。洗涤法所选用的表面活性剂一般是浸透、乳化、分散等综合洗涤作用较强的醚型非离子型表面活性剂，为了避免高气泡利导致的洗涤效果差、废水处理难等问题，应尽量少使用高气泡性的明离子型表面活性剂。

洗涤法脱墨的简单流程为：回收废纸→碎解→加脱墨剂→疏解→洗涤→再生纸浆。

洗涤法脱墨浆比较干净，所得纸浆白度高，灰分含量低，操作方便，工艺稳定，电耗低，设备投资少。其缺点是用水量大，纤维流失大，得率低(一般为 75%左右)。超声波脱墨法通常采用液体哨声超声波发生器，产生频率为 20～60kHz 的声波，其周期性压力变化产生空穴作用，发生纵向振动，形成直径为 0.1～0.2mm 的细小气泡，当气泡受到超声波的作用时，它可以不断吸收因超声波持续的压缩和膨胀周期而产生的能量，从而使其大小发生波动或直径增大。当气泡增大时，吸收最大能量，迅速增大，继而爆破。当这些气泡爆破时，它内部温度达到 550℃，由于气泡体积小，这种热能消失非常快，在任何时间内，液体仍保持与环境接近一致的温度，破裂的气泡将能量传递给它附近的二次纤维。这种能量产生两个作用：一是使油墨粒子松弛，并从纤维表面移开；二是使油墨粒子自行碎解，最终实现废纸的脱墨过程。

超声波脱墨法有很多优点，比如可以少用或不用化学药品，降低成本，减轻废水污染；对高光泽油墨去除率高，脱墨效果好；DIP 的耐破因子、裂断长、白度等指标有明显的提高，而撕裂因子却不会减少。

溶剂脱墨法的主要特点是不用水或只用少量水。当脱除激光打印纸及静电复印纸油墨时，采用三氯乙烯和乙烷作溶剂，并用加热后的松节油溶解固定激光油墨的塑料结构，经冷却，这些固化物变硬，再经过筛选、除渣等工艺除去油墨，同时回收 90%～99%的溶剂，这一方法可用于旧报纸、旧杂志、混合办公废纸的脱墨。

蒸汽爆破脱墨法近几年来由于开发了新蒸汽爆破技术，产能大大提高。经爆破蒸汽脱墨后，油墨粒子被碎至很小，再经净化、筛选、洗涤，制得脱墨浆。该工艺能有效回收低档废纸，并能解决在回收废纸中一些难以处理的问题，比如塑料热熔物、蜡、松香等都能得到有效处理。并对激光、静电复印油墨处理十分有效。该技术具有工艺简单、操作费用低、投资省、节能和环保等优点。

传统废纸脱墨采用化学法，需要大量碱、水玻璃及工业皂等，纸上的油墨在强碱和分散剂的作用下被乳化而得到分离。但随着国内外印刷技术的高速发展，废纸种类有了很大的变化，激光和复印废纸所占的比例越来越大，加上印刷油墨配方也在不断变化，许多工厂只好通过加强机械打碎的方法，使大颗粒油墨破碎变小，然后通过浮选除去。而使用酶脱墨法具有明显的优势：可以降低能耗，减轻环境污染，脱墨效率高于化学脱墨，酶脱墨浆物理强度好、白度高、尘埃低、残余油墨量少、滤水性好。

目前脱墨用的酶有：脂肪酶、酯酶、果胶酶、淀粉酶、半纤维素酶、纤维素酶和木素降解酶。而在实际使用中，以纤维素酶和半纤维素酶为主。与常规的碱性脱墨相比，酶脱墨法产生的废水中 COD 比碱性法低 20%～30%。

酶处理可减少废纸脱墨过程中的化学品消耗，但由于受生化反应特点的限制，酶处理需要比较长的时间。超声波处理法能在液体中引起周期性的压缩和膨胀，使纤维产生强烈振动和相互摩擦，提高纤维素酶的活性，从而加速油墨粒子的脱除。酶与超声波协同作用对彩色胶印新闻纸脱墨效率有一定提高，脱墨浆白度提高 5%。在一定程度上降低了纤维粗度及长度，但对纸张的强度影响很小。

影响废纸脱墨的四大因素，从工艺上分析，废纸的分选、离解、熟化、脱墨等工序及设备的合理性对废纸的脱墨都有较大的影响。

第一，脱墨方法的影响。目前国内脱墨方法主要为洗涤法及浮选法，这两种方法的前端离解、熟化工序基本一样，只是纸浆和油墨颗粒分离的方法不一样。洗涤法采用脱水处理的方法，使油墨、杂质与纸张纤维分离。由于清水轮流置换洗涤，洗净度高、纸浆白度高，但同时易将微细纤维及灰分洗去，影响得浆率，该法适用于生产薄页纸及灰分低的纸种。浮选法脱墨是利用矿业上浮选矿的原理，根据纤维、填料及油墨等组成的可湿性不同，用浮选机将油墨（可湿性差）浮到浆面上除去，纤维及填料仍留在浆中，从而达到分离的目的。浮选法是气—液—固表面共同参与的脱墨方法，该脱墨法，细小纤维损失小，灰分含量及得浆率高，适用于纸板类纸种。

第二，脱墨剂的影响。脱墨过程中脱墨剂起着关键性的作用，在脱墨工艺中，选用何种脱墨剂，脱墨剂的性能如何，直接影响脱墨的效果。阴离子型和非离子型表面活性剂是脱墨剂的主要成分，在浮选中采用非离子型表面活性剂，脱墨效果好、纸浆白度高；但在洗涤法脱墨中，则是采用乙醚型非离子型表面活性剂脱墨效果较好。

第三，脱墨时间、温度、脱墨剂用量的影响。在脱墨过程中，脱墨时间、温度、脱墨剂的用量是影响脱墨效果的重要因素。一般来说，时间越长、温度越高、用量越大其脱墨效果越好，但从成本、效率等综合因素来考虑，应合理选定最佳工艺条件及参数。

第四，印刷方法与油墨组成的影响。印刷技术的飞速发展和不同成分油墨的出现，使印刷品的颜色、光泽和牢固性都有了较大提高，但同时也加大了废纸脱墨的难度，因此，全面了解油墨组成、固化机理、印刷方法等，才能有效地脱除油墨。

下面就几种常见的印刷方法谈一下各自所采用的废纸脱墨方法。

凸版印刷。该法常用于报纸、杂志及牛皮纸袋的印刷，油墨主要是碳墨，分散在碳氢油料的载体中，借助于吸收、挥发和沉淀作用而干燥于纸面上。凸版印刷的废纸比较容易脱墨，只需加入 1%～2%的活性脱墨剂，利用洗涤法即可将油墨除去。

胶版印刷。该法应用于表面光滑的杂志、书籍、艺术品的印刷。油墨中含有斥水性载色体的颜料，着色强，不溶于水及醇类，油墨含醇酸树脂及干性油。胶版印刷油墨的树脂难分散，但加硅酸盐及表面活性脱墨剂进行脱墨，同时采用浮选和洗涤相结合的办法脱墨能取得较好的效果。

柔性印刷。该法是凸版印刷的改进。柔性印刷的油墨为快干、低黏度油墨，以水基作载色体，用挥发及吸收使之干燥。可采用浮选法脱墨，先采用分散收集法，用二级洗涤能取得较好质量的脱墨浆。废纸脱墨制浆是一项复杂的系统工程，需进一步探讨和摸索整个过程的工艺特性，并设计和开发更新型的脱墨技术，使脱墨浆成为成本低、品质好的二次纤维原料，可以创造良好的社会效益及经济效益。

随着环保要求越来越严格，以往使用的一次性杯、盘、饭盒及包装材料等不可降解产品，现在已属于禁止使用之列。其有效的替代品即为纸浆模塑产品。在一些工业发达国家，纸浆模塑制品在工业产品包装领域所占比重已高达 70%，其中绝大部分使用的原料为废纸纸浆模塑制品。这种模型制品是把纸浆做成商品形状后固化的，使用的原料为 100%的废纸，容易回收利用。美国模压纤维技术公司把旧报纸粉碎，加水打浆并模压成型，代替泡沫塑料用作玩具、计算机驱动磁盘和外围设备等的包装填料。日本花王公司开发出用废纸生产纸瓶的模塑技术，这种纸瓶由3层组成，中间是纸浆，内侧和外侧为涂层，可以用螺旋、盖或金属薄片封口，纸瓶的强度与塑料瓶不相上下。利用模具可制造出形状各异的纸瓶。以废纸为原料可生产高强度埋纱包装纸袋。夹在纸中的是可在90℃水中溶解的水溶性纱线，可以实现完全回收利用，因而是一种双绿色包装材料。该包装纸可广泛用于水泥、粮食、饲料、茶叶以及日用购物袋、取款袋等生活领域。我国的纸浆模塑业起步较晚，但也取得了长足的进展，已由简单的果托、蛋托之类的低档产品发展到工业品包装和食品包装物上。2020年我国纸浆模塑制品在工业产品包装领域所占比重为5%。

二、塑料包装材料回收利用

(一)塑料包装回收利用现状

近些年来，塑料以其自身质轻、价廉、来源丰富强度好、物理性能优良等优越性在包装领域发展迅速。目前，全球每年的塑料产量超过1亿吨，塑料包装占塑料市场的30%左右，有的甚至高达50%。在我国，塑料包装材料的工业产值在包装工业总值中约占1/3，高居首位。我国塑料工业是国民经济的支柱产业之一，已步入世界塑料大国的行列。

根据国家中长期科学技术发展纲要，对再生资源领域里废塑料部分规划的战略目标是：2025年，再生利用废塑料率达到50%。研究废旧有机高分子材料再生利用技术，提出现行废塑料再生工艺的改进方法，在解决预处理技术的基础上，借鉴国外先进经验，研究推广适合我国国情的废塑料再生技术，以提高产品性能和质量。

(二)塑料包装回收利用技术与工艺

用石油和煤为原料生产塑料来替代天然高分子材料，曾经历了一条艰难的历程，整整一代杰出的化学家为实现目前塑料所具有的优良理化特性和耐用性付出了辛勤的劳动。塑料以其质轻、耐用、美观、价廉等特点，取代了一大批传统的包装材料，促成了包装业的一场革命。但是出乎预料的，恰恰是塑料的这些优良性能性制造了大量耐久不腐的塑料垃圾。用后大量丢弃的塑料包装物已成为环境的一大祸害，其主要原因就是这些塑料垃圾难以处理，无法使其分解并化为尘土。在现有的城市固体废弃物中，塑料的比例已达到15%～20%，而其中大部分是一次性使用的各类塑料包装制品。塑料废弃物的处理已不仅是塑料工业的问题，现已成为公益问题，引起国际社会的广泛关注。

在城市塑料固体废弃物处理方面，目前主要采用填埋、焚烧和回收再利用三种方法。因国情不同，各国有异。美国以填埋为主，欧洲、日本以焚烧为主。采用填埋处理，因塑料制品质大体轻，且不易腐烂，会导致填埋地成为软质地基，今后很难利用；采用焚烧处理，因塑料发热量大，易损伤炉子，加上焚烧后产生的气体会促使地球暖化，有些塑料在焚烧时还会释放出有害气体而污染大气；采用回收再用的方法，由于耗费人工，回收成本高，且缺乏相应的回收渠道。目前世界回收再用仅占全部塑料消费量的15%左右。因世界石油资源有限，从节约地球资源的角度考虑，塑料的回收再用具有重大的意义。为此，目前世界各国都投入大量人力、物力，开发各种废旧塑料回收利用的关键技术，致力于降低塑料回收再用的成本的开发其合适的应用领域。

由于塑料在回收处理上有难度，所以带来了许多严重的社会问题及污染问题。因此研究、开发塑料包装废弃物的回收处理与再生技术，具有特别重大的意义。为了适应保护地球环境的需要，世界塑料加工业研究出许多环保新技术。

在节省资源方面：主要是提高产品耐老化性能、延长寿命、多功能化、产品适量设计。在资源再利用方面：主要是研究塑料废弃物的高效分选、分离技术、高效熔融再生利用技术、化学回收利用技术、完全生物降解材料、水溶性材料、可食薄膜。在减量化技术方面：主要是研究废弃塑料压缩减容技术、薄膜袋装容器技术，在确保应用性能的前提下，尽量采用制品薄型化技术。在CFC代用品的开发方面：主要是研究二氧化碳发泡技术（氯氟烃的英文名称，取其字头组成缩写CFC）。在替代物的研究方面：主要是开发PVC（聚氯乙烯）和PVDC（聚偏二氯乙烯）代用品。

（1）塑料回收具体方法

①回收热能法

回收热能法，大部分塑料以石油为原料，主要成分是碳氢化合物，可以燃烧，如聚苯乙烯燃烧的热量比染料油还高。有些专家认为，把塑料垃圾送入焚化炉燃烧，可以提供采暖或发电的热量，因为石油燃料86%都直接被烧掉，其中只有4%制成了塑料制品，塑料用完以后再作为热能被烧掉是很正常的，热能使用是塑料回收的最后方法之一，不容轻视。但是许多环境保护团体反对焚烧塑料，他们认为，焚烧法把乱七八糟的化学品全部集中燃烧，会产生有毒气体。如PVC成分中一半是氯，燃烧时放出的氯气有强烈的侵蚀破坏力。

目前，德国每年有20万吨的PVC垃圾，其中30%在焚化炉里燃烧，烧得人心惶惶，法律不得不对此拟定对策。德国联邦环境局已规定所有的焚化炉都必须符合每立方米废气值低于0.1mg（纳克）的限量。德国的焚化炉空气污染标准虽然已经属于世界公认的高标准，但仍然没有人敢说燃烧方法不会因机械故障放出有害物质，所以，可以预见各国环保团体仍将大力反对焚化法回收热能。

②分类回收再生法

分类回收再生法，作为塑料回收，最重要的是进行分类。常见的塑料有聚苯乙烯、聚丙烯、低密度聚乙烯、高密度聚乙烯、聚碳酸酯、聚氯乙烯、聚酰胺、聚氨酯等，这些塑料的差别一般人很难分辨。现在的塑料分类工作大都由人工完成。国际上已有先进的分离设备可以系统地分选出不同的材料，但设备一次性投资较高。例如，德国一家化学科技协会发明以红外线来辨认类别，既迅速又准确，只是分拣成本较高。复合再生所用的废塑料是从不同渠道收集到的，杂质较多，具有多样化、混杂性、污、脏等特点。由于各种塑料的物化特性差异大，而且多具有互不相容性，它们的混合物不适合直接加工，在再生之前必须进行不同种类的分离。一般来说，分类再生塑料的性质不稳定，易变脆，故常被用来制备较低档次的产品，如建筑填料、垃圾袋、雨鞋等。

③制取基本化学原料、单体

制取基本化学原料、单体，混合废塑料经热分解可制得液体碳氢化合物，超高温气化可制得水煤气，都可用作化学原料。德国Hoechst公司、Rule公司、BASF公司，日本关西电力、三菱重工近几年均开发了利用废塑料超高温气化制化学原料的技术，并已进行工业化生产。

近年来，废塑料单体回收技术也日益受到重视，并逐渐成为主流方向，其工业应用正在研究中。现在研究水平已达到单体回收率，聚烯烃为90%，聚丙烯酸酯为97%，氟塑料为92%，聚苯乙烯为75%，尼龙、合成橡胶为80%等。这些结果的工业应用也在研究中，它对环境及资源利用将会产生巨大效益。

美国Battelle Memorial研究所成功开发出从LDPE、HDPE、PS、PVC等混合废塑料中回收乙烯单体技术，回收率58%（质量分数），成本为3.3美元/千克。

④油化法

油化法，由于塑料是石油化工的产物，从化学结构上看，塑料为高分子碳氢化合物，而汽油、柴油则是低分子碳氢化合物，理论上讲，给废塑料一定的热能及催化剂，使塑料逆向反应，把塑料大分子断开，转化分子量小的气、液、固三相新物质是可行的。因此，将废塑料转化为燃油是完全可能的，也是当前研究的重点领域。将塑料内化学成分提炼出来以便再利用，所采用的工艺方法是通过加入化学元素促使相结合的碳原子化学裂解，或加入能源促成其热裂解。国内外在这方面均已取得一些可喜的成绩，如日本的富士回收技术公司，利用塑料油化技术，从 1 千克废塑料中回收 0.6 升汽油、0.21 升柴油和 0.21 升煤油。

油化工艺按设备形式分类，主要有 4 种。

槽式。槽式法油化工艺有聚合浴法（川崎重工）、分解槽法（三菱重工）和热裂解法（三井、日欧）等。

下面介绍三菱重工的塑旧废弃物分解槽油化工艺。首先将废料破碎成一定尺寸，干燥后由料斗送入熔融槽（300～350 摄氏度的符号）熔融，再送入 400～500 摄氏度的分解槽进行缓慢热分解。各槽均靠热风加热。焦油状或蜡状高沸点物质在冷凝器冷凝分离后需返回分解槽内再经加热分解成低分子物质。低沸点成分的蒸汽在冷凝器中分离成冷凝渡和不凝性气体，冷凝液再经过油水分离器分离可回收油类。这种油黏度低，发热量高，凝固点在 0 摄氏度以下，但沸点范围广，着火点极低，是一种优质燃烧油，使用时最好能去除低沸点成分。不凝性气态化合物经吸收塔除去氯化氢后可作燃料气使用。所回收油和气的一部分可用作各槽热风加热的能源。

管式。管式反应器的类型可分为管式蒸馏法、螺旋式、空管式和填料管式等。与槽式反应器一样，均为外热式，使用生成的油加热，燃料油用量大。管式法油化工艺的回收率为 57%～78%。此法要求原料均匀单一，易于制成液状单体的聚苯乙烯和聚甲基丙烯酸甲酯。同时要求解决以下问题：固体废料与重质液压油的混合方法，析出炭的处理，如何从生成液中分离回收单体以及残渣和重液的处理等。

流化床。采用流化床法反应器进行废旧塑料油化的有住友重机和汉堡大学等单位，废塑料被破碎成 5～20 毫米加入流化床分解炉，同时使用 0.3 毫米沙子等固体物质作热载体。当温度上升到 450 摄氏度时热砂使废塑料熔化为液态，附着于沙子颗粒表面，接触加热面的部分塑料生成碳化物，与流化床下部进入的气体接触，燃烧发热，载体表面的塑料便分解，与上升的气体一起导出反应器，经冷却和精制，得到优质油品。在燃烧中生成的水和二氧化碳需要进行油水分离，生成的气体、水和残渣等在焚烧炉中燃烧，余热可以制成蒸汽或热水，加以回收。进入挤出机的塑料碎块加热到 230～270 摄氏度，使其变成柔软团料并挤入原料混合槽中。聚氯乙烯中的氯在较低的温度下会游离出来（达 90%以上）。回收的氯通过碱中和或回收盐酸等方法进行处理。通常液态的热分解物从热分解槽（热解槽）循环返回到原料混合槽中，而由挤出机挤入的熔融料便在此处混入到热分解物内。当温度进一步升为280～300摄氏度后，混合物料又由泵送入热分解槽中。另外，在原料混合槽的升温阶段，残留的氯也大多被气化除去。送入热分解槽内的熔融料，当被进一步加热到350～400摄氏度时，便发生热分解、气化，气化状态的热分解物（通常含有大量烷烃）被再次返回原料混合槽。这样，在反复循环过程中，物料便慢慢发生热分解，最后以气态烃形态送往接触分解槽中。采用该工艺应当预先除去聚氯乙烯。其方法是将这种混合废塑料加入加热型异向旋转双螺杆挤出机中，加热至250～300摄氏度，聚氯乙烯分解，产生的氯化氢可在水中捕集。如果仍混有少量的聚氯乙烯，挤出机、熔融炉可将游离的氯回收，未除去的微量氯还可在脱氯槽中除去。在物料快要进入接触分解槽之前，为除去在挤出机和原料混合槽阶段残余微量的氯而设置了脱氯槽。在这里，物料中的氯几乎被除尽。接触分解槽中填充有ZSM—5催化剂。由热分解槽送来的气态烃，由于催化剂的作用而催化分解，然后被送入冷凝器。

所生成的油，进入分馏塔进行简易分馏，得到汽油、煤油和气体等。所得到的油贮存于产品贮罐中，而气体被送去作油化装置的热源。

废塑料的螺杆式油化工艺，加氢油化工艺，很多专家认为，氢化作用可用于处理混合塑料制品。将混合的塑料碎片置入氢反应炉内，加以特定温度和压力，便能产生合成原油和瓦斯等原料。采用这种方法处理混合塑料物品，根据不同的塑料成分，可将其中的60％～80％的成分炼成合成原油。德国巴斯夫等三家化学公司在共同的研究报告中指出，氢化作用为热裂解法的最优良方式，析解出的合成原油品质好，可用来炼油。德国Union燃料公司开发了废聚烯烃加氢油化还原装置加氢条件为500℃，40MPa，可得到汽油、燃料油。采用家庭垃圾中的废旧塑料为原料，其收率为65％；采用聚烯烃工业废料为原料，收率可达90％以上。

美国列克星敦肯塔基大学发明了一种废塑料变成优质塑料燃料油的工艺方法。用这种方法生产的燃料很像原油，甚至比原油更轻，更容易提炼成高辛烷值的燃料油。这种用废塑料生产的燃料油不含硫磺，杂质也极少。采用类似方法把塑料与煤一起液化也能生产出优质燃料油。研究人员在沐浴器中把各种塑料和沸石催化剂、四氢化萘等混合在一起，然后放进一种称之为“管道炸弹”的反应炉里，用氢加压并加热，促使大分子塑料分解成分子量较小的化合物，这一工艺过程类似于原油处理中的化合。废塑料经此处理后产油率很高，聚乙烯塑料瓶的出油率可达88％。当废塑料和煤以大致1∶1的比例混合和液化时，可以得到更为优质的燃料油。经过此工艺方法的经济效益进行评估后，预计采用废塑料生产燃料油会在5～10年内变得蜕变具有高炉效益。目前，德国已开始在博特普建立一座有希望日产200吨塑料燃油的反应炉。

美国伦斯勒理工学院研制出一种可分解塑料废弃物的溶液，将这种已申请了专利的溶液和6种混合在一起的不同类型的塑料一起加热。在不同的温度下可分别提取6种聚合物。实验中，将聚苯乙烯塑料碎片和有关溶液在室温条件下混合成溶解态，将其送入一个密封的容器中加热，再送入压力较低的"闪蒸室"中，溶液迅速蒸发(可回收再用)，剩下的就是可再次利用的纯聚苯乙烯。据称，研究所用的提纯装置，每小时可提纯1千克聚合物。纽约州政府与摩霍克电力公司正打算联手建造一座小规模试验性工厂。投资者声称，该厂建成后，每小时可回收4吨聚合物原料。其成本仅为生产原料的30％，具有十分显著的商业价值。

德国拜尔公司开发出一种水解式化学还原法来裂解PUC海绵垫。试验证明，化学还原法在技术上是可行的，但它只能用来处理清洁的塑料，例如生产制造过程中产生的边角粉末和其他塑料废料。而家庭里使用过的沾染上其他污物的塑料就很难用化学分解法处理。

一些新的化学分解法还在研究过程中，美国福特汽车公司目前正在将酯解法运用于处理汽车废塑料件。

⑤生物降解法

生物降解法，在积极开发塑料回收再利用技术的同时，研究开发生物降解成为当今世界各国塑料加工业的研究热点。研究人员希望开发出一种能在微生物环境中降解的塑料，以处理大量一次性使用塑料，特别是地膜及外包装废弃物。研究目标是开发出一种在使用过程中可以保证其各项使用性能，而一旦用完废弃后，可被环境中的微生物分解，从而完全进入生态循环的塑料；同时，这种塑料的生产成本较低，具有相应的经济性。如果是这样的生物分解性塑料，在使用后就可与普通生物垃圾一起堆肥，而不必花费很大代价进行收集、分类和再生处理，而且分解产物进入生态循环，不产生资源浪费问题。在生物降解塑料的研究开发方面，世界各国都投入了大量财力和人力，花费了很大的精力进行研究。塑料加工业普遍认为，生物降解塑料是21世纪的新技术课题。

20世纪80年代末，为了解决垃圾袋的降解问题，在美国玉米商的推动下，添加淀粉的聚乙烯塑料袋被作为生物降解塑料在欧美风靡一时。但由于其中的聚乙烯不能降解，故其应用研究已大大降温。只是由于淀粉的原料来源丰富，而价格便宜，目前仍有不少研究者在从事这方面的研究，希望通过各种配方技术，在降解性方面有所突破。

德国拜尔公司研究纤维制品的专家们经过数年研究，制成的一种可以完全分解为腐殖质的塑料。用这种塑料制成的包装薄膜可以在土壤中迅速分解——“分化瓦解”，最后可以回归大自然。根据环保组织的鉴定，此种塑料及其分解后的中和物对环境和人类均是安全可靠的。该公司研制成功的这种新型塑料，是将坚硬而不易延伸的纤维素与聚氨酯混合制得，把这种新型塑料埋入土中后，可成为土壤中微生物的可口佳肴，迅速繁殖的微生物很快能将这种材料完全消化成为腐殖质。将这种材料制成的一种家用保鲜膜，14 天后可完全成为粉末，8 周后会失去 80％的质量。用这种材料制作培养物的营养钵，植入土中数周后均化为腐殖质，充当起堆肥的角色。由于这项新技术的生产成本太高，是普通塑料的数倍，因而目前很难实现商品化生产。

目前开发的技术路线主要有微生物发酵合成法、利用天然高分子（纤维素、木质素、甲壳质）合成法的化学合成法等，并已开发出一些生物降解塑料的水溶性树脂，但总的说来，其生产成本都未达到工业化批量生产的要求。

在应用实验方面，经过多年的努力，我国在生物降解聚乙烯地膜研究项目上已取得初步成功，开发出了生物降解地膜试样，并进行了小面积的试用，从其技术成熟性方面看来，尚未达到大面积推广的应用程度。以色列和加拿大对光降解地膜均有试用，但未见大面积应用的报道。美国将光降解塑料用于瓶装饮料的提环已有多年，我国对添加型光降解塑料领域尚未涉足。

据预测，如将生物降解塑料的工业化研究算作 100 的话，目前的开发研究只处于 30 的相对阶段。目前，美国对这项技术的开发研究处于领先地位，欧洲居次，日本第三。

总的来说，在生物降解塑料研究开发中还有许多有待攻克的难题。首先，对塑料降解的定义尚无统一的认识，即生物分解究竟意味着什么，也就是说生物降解塑料的分解时间究竟确定为多长。另外，分解的产物应是什么？最终产物究竟是二氧化碳和水，还是对实际应用无害的任何形态的残留物？其次，对生物降解塑料的评价试验尚无世界公认的统一的方法。目前美国材料试验协会、日本工业标准协会和国际标准化组织都在积极开展这方面的工作。

⑥合成新材料

合成新材料，匈牙利科学家首先研究出将塑料垃圾转化成为工业原料并进行再利用的新技术。

据介绍，科学家们使用该项新技术能将塑料垃圾加工成一种新型合成材料。实验表明，这种合成材料与沥青按比例混合后可以用来铺路，增加路面的坚硬程度，减少碾压痕迹的出现，还可以制成隔热材料广泛用于建筑物上。专家认为，由于该技术是塑料垃圾转化为新的工业原料，不仅在环保方面意义重大，而且能够减少石油、天然气等初级能源的使用，达到节约能源的效果。

各种废塑料都不同程度地粘有污垢，一般须加以清洗，否则会影响产品质量。利用废塑料和粉煤灰制造建筑用瓦对废塑料的清洗要求并不十分严格，有利于工业化应用中的实际操作。向塑料中加入适当的填料可降低成本，降低成型收缩率，提高强度和硬度，提高耐热性和尺寸稳定性。从经济和环境角度综合考虑，选择粉煤灰、石墨和碳酸钙作填料是较好的选择。粉煤炭表面积很大，塑料与其具有良好的结合力，可保证瓦片具有较高的强度和较长的使用寿命。

将消泡后的废聚苯乙烯泡沫塑料加入一定剂量的低沸点液体改性剂、发泡剂、催化剂、稳定剂等，经加热可使聚苯乙烯珠粒预发泡，然后在模具中加热制得具有微细密闭气孔的硬质聚苯乙烯泡沫塑料板，可用作建筑物密封材料，保温性能好。

⑦减类设计法

减类设计，研究开发部门在设计产品时就考虑到回收和拆卸处理的需要，考虑的重点不在于制作个别的零部件应采用哪一种塑料最为理想，而是考虑广泛动用的材质，这是在构思上的革命性转变。

为了有利于回收，设计人员开始在设计产品时避免使用多种塑料，美国宝马公司准备在其新车设计中减少40%的塑料种类，目的是方便废塑料的回收。汽车工业之所以降低塑料使用种类，并且在设计上考虑回收性，主要是期望赢得重视环保的优良形象，获得消费者的欣赏。目前，这种设计构思正逐渐感染整个塑料加工业。

各方面都在努力，但仍然无法使市场上通行的20种塑料中的任何一种绝迹。毕竟产品的多样性导致了塑料品种类别的千变万化，例如生产电子计算机使用的塑料和生产汽车使用的塑料就不一样。

为此，专家建议制定有关回收标准，规定特种行业只能使用指定的材料，否则无法有效地回收，电子与汽车行业都已开始制定这样的标准。世界电子电气市场对废弃塑料回收利用已引起各国重视，国际商用机器公司(IBM)已开始将计算机和商用机器的塑料部件进行标码，正在开发可回收再用的塑料电子部件和简化拆卸设备的产品结构，同时还考虑取消元件的表面着色，控制塑料添加剂的外部黏合剂的用量，减少使用不利于回收的工艺部件及外加零件。废弃汽车零部件的回收工作也有了很大的进展，许多国家都以可回收、易回收的材料作为汽车塑料件原料作为选用和产品设计的前提。有些国家已制定了有效的汽车塑料件标准回收号码和回收计划,并在考虑制定有助于拆卸和分拣汽车塑料的统一标志体系。欧美等国还在研究化学解聚法回收汽车塑料。

(2)塑料的简易鉴别法

①外观鉴别

通过观察塑料的外观,可初步鉴别出塑料制品所属大类:热塑性塑料、热固性塑料和弹性体。

热塑性塑料有结晶和无定形两类。结晶性塑料外观呈半透明,乳浊状或不透明,只有在薄膜状态下呈透明状,硬度从柔软到角质;无定形塑料一般为无色,在不加添加剂时为全透明,硬度从硬于角质橡胶状(此时常加有增塑剂等添加剂)。热固性塑料通常含有填料且不透明,如不含填料时为透明。弹性体具橡胶状手感,有一定的拉伸率。

②加热鉴别方法

上述三类塑料的加热特征各不相同,可以通过加热的方法鉴别。热塑性塑料加热时软化,易熔融,且熔融时变得透明,常能从熔体拉出丝来,通常易于热合;热固性塑料加热至材料化学分解前,保持其原有硬度不软化,尺寸较稳定,至分解温度炭化;弹性体加热时,直到化学分解温度前,不发生流动,至分解温度材料分解炭化。

③溶剂处理鉴别

热塑性塑料在溶剂中会发生溶胀,但一般不溶于冷溶剂,在热溶剂中,有些热塑性塑料会发生溶解,如聚乙烯溶于二甲苯中;热固性塑料在溶剂中不溶,一般也不发生溶胀或仅轻微溶胀;弹性体不溶于溶剂,但通常会发生溶胀。

④密度鉴别

塑料的品种不同,其密度也不同,可利用测定密度的方法来鉴别塑料,但此时应将发泡制品分别挑选出来,因为泡沫塑料的密度不是材料的真正的密度。在实际工业生产中,也有利用塑料的密度不同来分选塑料的。

⑤热解试验鉴别

热解试验鉴别法是在热解管中加热塑料至热解温度,然后利用石蕊试纸或 pH 试纸测试逸出气体的 pH 值来鉴别的方法。

⑥燃烧试验鉴别

燃烧试验鉴别法是利用小火燃烧塑料试样,观察塑料在火中和火外时的燃烧性,同时注意熄火后通过熔融塑料的落滴形式及气味来鉴别塑料种类的方法。

a. PE(聚乙烯)

燃烧鉴别:可燃、离火后续燃,火焰及烟色底兰顶黄、燃时不断有熔融物下滴,易拉丝,发出石蜡气味。燃烧时无烟。

b. PP(聚丙烯)

燃烧鉴别:燃烧时火焰上黄下蓝,气味似石油,熔融滴落,燃烧时无黑烟。离火后续燃。

c. PET(聚对苯二甲酸乙二醇酯)

燃烧鉴别:燃烧时有黑烟,火焰有跳火现象,燃烧后材料表面黑色碳化,手指揉搓燃烧后的黑色碳化物,碳化物呈粉末状,有酸味。

d. PVC(聚氯乙烯)

燃烧鉴别:不易燃、离火即灭,燃烧时冒黑烟,底部呈绿色,尖部呈黄色,火灭后有盐酸气的刺激味。无熔融滴落现象。

e. PS(聚苯乙烯)

燃烧鉴别:易燃、离火后续燃、火焰橙黄色冒黑烟有黑炭末飞向空中,有苯乙烯臭味。

f. PP+PET 共聚料

燃烧鉴别:燃烧时有黑烟,火焰有跳火现象,燃烧表面呈黑色炭化。

g. PE+PET 复合膜

燃烧鉴别:燃烧时似 PET,无熔融滴落现象,燃烧表面黑色炭化,有黑烟,有跳火现象,带有 PE 的石蜡气味。

⑦显色反应鉴别

a. 通过不同的指示剂可鉴别某些塑料,在 2ml 热乙酸酐中溶解或悬浮几毫克试样,冷却后加入 3 滴 50%的硫酸(由等体积的水和浓硫酸制成),立即观察显色反应,在试样放置 10min 后再观察试样颜色,再在水浴中将试样加热至 100℃,观察试样颜色。

b. 含氯塑料有聚氯乙烯、氯化聚氯乙烯、氯化橡胶、聚氯丁二烯、聚偏二氯乙烯、聚氯乙烯混配料等,它们可通过吡啶显色反应来鉴别。需要注意的是试验前,试料必须经乙醚萃取,以便除去增塑剂。试验方法:将经乙醚萃取过的试样溶于四氢呋喃中,滤去不溶成分,加入甲醇使之沉淀,萃取后在 75℃以下干燥。将干燥过的少量试样用 1ml 吡啶与之反应,过几分钟后,加入 2～3 滴 5%氢氧化钠的甲醇溶液(1g 氢氧化钠溶解于是 20ml 甲醇中),立即观察颜色,5min 和 1h 后再分别观察一次。根据颜色即可鉴别不同的含氯塑料。

c. 尼龙也可通过对二甲基氨基苯甲醛显色反应来鉴别。鉴别方法：在试管中加热 0.1～0.2g 试样，将热分解物置于小棉花塞上，在棉花上滴上浓度为 14%的对二甲基氨基苯的甲醇溶液，再滴一滴浓盐酸，如为尼龙则显示枣红色。对二甲基氨基苯甲醛显色反应也可用来鉴别聚碳酸酯，当显示的颜色为深蓝色时，即可知材料为聚碳酸酯。

d. 弹性体或橡胶可用 Burchfield 显色反应来鉴别其种类。鉴别方法：在试管中加热 0.5g 试样，将产生的热解气化物滴入 1.5ml 试剂（在 100ml 甲醇中加入 1g 对二甲基氨基苯甲醛和 0.01g 对苯二酚，缓慢加热溶解后，加入 5ml 浓盐和 10ml 乙二醇）中，观察其颜色，然后加入 5ml 甲醇稀释溶液，并使之沸腾 3min，再观察其颜色。

⑧分子结构鉴别

塑料的分子结构中有的含有除碳、氢以外的杂原子。通过杂原子的试验也可鉴别不同的塑料。

(3)废塑料添加剂种类的选择

废旧塑料制品在使用过程中由于受到外界条件的影响及光和热的作用，已有不同程度的老化，其中所含各种添加剂均有不同程度的损失。例如，回收的废旧软质聚氯乙烯中增塑剂损失就较大，用它生产再生制品，其性能远比用新料生产的制品差。为尽可能提高再生制品的质量，在再制过程中有必要重新添加一定量的助剂，以改进废旧塑料的成型加工、机械、热和电等性能。

在用废旧塑料生产再生制品时需要添加的助剂有增塑剂、稳定剂、润滑剂、着色剂、发泡剂和填充剂等。

根据塑料的品种和老化程度等，在确定再制品配方时应当考虑到以下几点：添加剂种类的选择；添加剂加入量的确定；配方的调整。在配料时选用助剂的总原则是既保证再生制品具有一定的性能，符合使用要求，又不至于成本过高。一般说来，需要考虑如下几点：由于废旧塑料和再生制品的价格较低，因此所采用的添加剂的价格也要便宜；因为废旧塑料往往是各种颜色废料的混合物，在再生加工时一般添加深色着色剂，故对所选用助剂的外观色泽要求不高；添加剂应能满足再生制品的一定性能要求。

废旧塑料是使用后的塑料，性能上有不同程度的下降，为改善回收料的质量，可在造粒时添加一些助剂，这个配料过程对聚氯乙烯尤为重要，而对聚烯烃塑料，一般不配料，即使需要也很简单。聚烯烃新料在加工成型时一般只添加少量助剂，如抗氧剂、紫外线吸收剂等。其废料再生时，一般只需加入少量着色剂即可，因此配方不难确定。除非这类塑料严重老化，变硬发脆，则需要根据具体情况确定配料的组成。

聚氯乙烯塑料组成比较复杂，尤其是软质聚氯乙烯，所含添加剂的种类较多，有增塑剂、稳定剂、紫外线吸收剂、润滑剂和颜料等，其中以增塑剂为主，用量最多。其制品在使用过程中受到光、热等气候条件的影响，增塑剂逐渐渗出。制品硬化，尤其是其物理性能大大下降，逐渐老化，不能满足使用要求而成为废品。利用这类废旧制品进行再生时必须补充足够数量的增塑剂及其他助剂，最大限度地恢复其机械性能。增塑剂的加入量主要由再生聚氯乙烯制品要求的硬度而定，为此应考虑回收的聚氯乙烯废制品中硬质与软质的比例。聚氯乙烯薄膜、人造革和壁纸等软质制品与硬质的管材、异型材等的制品中增塑剂的残留量很不相同，因此，只要将硬质和软质回收料相互掺用，调节二者的掺混比例，即可制得要求硬度的再生制品，可减少增塑剂的用量，甚至不使用增塑剂。

(4)废旧塑料和新料的性能差异

废旧塑料经再生加工后，性能有不同程度的下降，主要是由光老化、氧化和热老化引起的。性能下降程度的大小主要取决于使用年限和环境。成型加工厂生产时产生的废边、废品，其回收料的性能下降很小，几乎可以当新料使用；室内使用、使用年限短的产品，回收料性能变化也不大；而在室外使用，年限长、环境差(如受压力、电场、化学介质等作用)的产品性能就差，甚至无法回收。由于再生过程中的热老化，再生料颜色由浅变深。以下介绍几种常用塑料再生料的性能变化。

聚氯乙烯，再生后变色较明显，一次再生挤出后会带有浅褐色，三次则几乎变为不透明的褐色。比黏度在二次时不变，两次以上有下降倾向。无论是硬质还是软质聚氯乙烯，再生时都应加入稳定剂。为使再制品有光泽，再生利用时可添加掺混的用量一般为1%～3%。

聚乙烯，聚乙烯再生后所有性能都有所下降，颜色变黄，其中抗老化性能下降最大。经多次挤出后，高密度聚乙烯黏度下降，低密度聚乙烯黏度上升。再生利用时可添加掺混的用量一般为8%以下。

聚丙烯，一次再生时，颜色几乎不变，熔体指数上升。两次以上颜色加重，熔体指数仍上升。再生后，抗冲击和抗老化性能下降最大，断裂强度和伸长率有所下降。

聚苯乙烯，再生后颜色变黄，故再生聚苯乙烯一般进行着色。再生料各项性能的下降程度与再生次数成正比，断裂强度在掺入量小于60%无明显变化，极限黏度在掺入量为40%以下时，无明显变化。

其他塑料，ABS(丙烯腈—丁二烯—苯乙烯共聚物)再生后变色较显著，但使用掺入量不超过20%～30%时，性能无明显变化。

尼龙，再生也存在变色及性能下降问题，掺入量以20%以下为宜。再生后伸长率下降，弹性却有增加趋向。

(5)如何鉴别塑料再生料的等级和品质

塑料怎样区分再生颗粒的等级，主要根据使用不同的原料，以及加工出来的颗粒的特点来区分等级，一般分为一、二、三级料。

一级料是指所使用的原料为没有落地的边角料，或者称为下脚料，有些是水口料、胶头料等，质量也是比较好的。也就是没有使用过的，在加工新料的过程之中，剩余的小边角，或者是质量不过关的原料。以这些为毛料加工出来的颗粒，透明度较好，其质量可以与新料相比，故为一级料或者是特级料。

二级料是指原料已使用过一次，但是高压造粒除外，高压造粒中使用进口大件居多，进口大件如果为工业膜，没有经过风吹日晒，故其质量也非常好，加工出来的颗粒透明度好，这时根据颗粒的光亮度及表面是否粗糙来判断。

三级料是指原料已使用过两次或者多次，加工出来的颗粒，其弹性、韧性等各个方面均不是很好，只能用于注塑。而一、二级料可以用于吹膜、拉丝等用途。

鉴别塑料品质的指标为：a. 看表面的光亮度，表面光洁度是衡量各类再生料颗粒品质等级的重要指标。优质再生料的表面光洁润滑；b. 看白度，不光看表面的，更主要的是看切面的白度；c. 透明度是衡量中高档再生料颗粒品质等级的重要指标，有透明度的料，品质都不错；d. 颜色的均匀和一致是衡量有色再生料颗粒品质等级的重要指标；e. 颗粒密实度是检验再生工艺水平的重要方面，看是否有塑化不良、颗粒疏松现象；f. 看是否沉入溶剂，就是看石粉量，一般的再生料中或多或少会有石粉，如看再生颗粒是否浮沉于水用于检验PP、PE颗粒的填充料的含量。

现就PVC再生造粒的工艺路线介绍如下，主要包括以下6个步骤：a. 对PVC废料的预处理；b. 在混合溶剂中进行有选择的溶解；c. 分离不可溶解物质；d. 再生PVC的析出；e. 干燥处理；f. 回收及循环使用溶剂。

采用机械处理回收的PET，回收再造后不能再用于食品的包装容器。因为聚酯在高温的注、拉、吹作用下，有的分子分解成为有毒的乙醛，而且聚酯回收循环成型的次数越多，生成的乙醛也就越多。所以废旧PET的回收只能用于装农药、机油、器具、模型等。加工方法也如同一般塑料一样先预处理：清洗分离干燥破碎，然后造粒或直接成型。

可以将回收的废旧 PET 在适宜的工艺下制成聚酯纤维和生产服装的材料，或者在材料内加入醇、酚等原料制成油漆。

三、金属包装材料回收利用

1. 金属包装材料回收利用现状

金属包装按品种可细分为印涂制品(听、盒)、饮料易拉罐(包括钢、铝二片罐、马口铁三片罐)、食品罐、气雾罐、各种瓶盖(包括皇冠盖、旋开盖、铝质防盗盖、指压保鲜盖)，另有 1～18 升马口铁化工罐、20～200 升冷轧镀锌板制成的大桶。

中国金属包装经过 20 世纪 80 年代末和 90 年代初的快速增长后，目前又恢复了稳定增长，金属包装的整体水平得到了较大的提高，缩小了与发达国家的差距。能够生产出国际上通用的马口铁、油墨、涂料、密封胶、铜线及通用制品，已经从分散落后的弱势行业发展成拥有一定现代化技术装备、门类比较齐全的完整工业体系。

(1)废弃金属包装制品的回收状况

目前，美国、日本、德国等对于金属包装物的回收像对待其他包装废弃物的回收一样重视，效果、效益均很好。美国铝制易拉罐的回收率达 75%以上，年回收达 900 亿只，一年回收铝罐节省下来的电力可供纽约这样的大城市整整使用一年。日本铝罐的回收率达 40%。德国每年回收马口铁 30 万 t 左右，占马口铁罐消耗总量的 60%。

我国由于金属制品回收网络混乱，所以回收率很低。如铝罐的回收不足 10%，远远低于美国和日本。至于其他的铁制品包装，如罐头盒、油铁桶、点心盒等根本无人问津。如铝管牙膏，每年全国的消耗为 15 亿支，约 1 万 t 铝有去无回。这些已经引起了国家有关部门的高度重视。因为 1t 铝易拉罐的重熔融再生与新冶炼铝相比，不仅可以节省 4t 铝土矿，而且重复使用能降低能源消耗 50%，数字是惊人的。

(2)废弃金属包装制品的处理方法与工艺

废弃金屑包装制品的回收处理方法主要是循环重复使用回炉再造以及其他利用。回收重复使用，将各种不同规格、不同用途的储罐钢桶先翻修整理，然后洗涤、烘干，喷漆再用；回炉再造，将回收的废旧空罐、铁盒等分别进行前期处理，即除漆等，铝罐进行去铁，然后打包送到冶炼炉里重熔铸锭，轧制成铝材或钢材；其他利用，包括将大型钢桶包装切开整形得到优质钢板；制作工艺品，如将铝质易拉罐用于制取室内装饰花盆，将铝质易拉罐剪切后冲裁成高压锅热容片等。

①现以废钢铁的回收利用为例，介绍回收利用的步骤：磁选→清洗→预热→回炉。

磁选是利用固体废物中各种物质的磁性差异，在不均匀磁声中进行分选的一种处理方法。磁选是分选铁基金属最有效的方法。将固体废物输入磁选机后，磁性颗粒在不均匀磁声作用下被磁化，从而受到磁场吸引力的作用，使磁性颗粒吸进圆筒上，并随圆筒进入排料端排出；非磁性颗粒由于所受的磁场作用力很小，仍留在废物中。磁选所采用的磁场源一般为电磁体或永磁体两种。

清洗是用各种不同的化学溶剂或热的表面活性剂，清除钢件表面的油污、铁锈、泥沙等。常用来大量处理受切削机油、润滑脂、油污或其他附着物污染的发动机、轴承、齿轮等。

预热、回炉。废钢经常粘有油和润滑脂之类的污染物，不能立刻蒸发的润滑脂和油会对熔融的金属造成污染；露天存放的废钢受潮后，由于夹杂的水分和其他润滑脂和油会对熔融的金属造成污染；由于夹杂的水分和其他润滑脂等易汽化物料，会因炸裂作用而迅速在炉内膨胀，也不宜加入炼钢炉。为此，许多钢厂采用预热废钢的方法，使用火焰直接烘烤废钢铁，烧去水分和油脂，再投入钢炉。

在金属预热系统中，主要需解决两个问题：第一，不完全燃烧的油脂能产生大量的碳氢化合物，会造成大气污染，必须设法解决；第二，由于输送带上的废钢大小不同，厚度不同，造成预热及燃烧不均匀，废钢上的污染物有时不能彻底清洗。

②废铝是目前世界上除钢铁外用量最大的金属。

在有色金属中，铝无论在储量、产量、用量方面均属前位。铝的使用范围十分广泛，各行各业中铝合金属几乎无所不在。随着产量、使用量的增加，废弃铝制品量也越来越大。而且，许多铝制品都是一次性使用，从制成产品至产品丧失使用价值时间较短，因此，这些废弃杂料成了污染之源。如何利用再生问题十分迫切。铝从矿石到成金属，再到制成品成本极高、耗能巨大。仅电解一道工序生产 1 吨金属铝就需 13000～15000kW · h 的电。而由废弃金属铝再生和再用能使能耗、辅料消耗大大降低，节约资源、成本。因此，废弃铝的回收、再利用，无论从节约地球上资源、节约能耗、成本，缩短生产流程周期，还是从环境保护、改善人类生态环境等各方面都具有巨大的意义。

目前全世界生产的铝合金，约有 80％用于制造汽车用的铸件和锻件，因此汽车产量和用铝量的趋势直接影响到再生铝工业。据报道，目前报废汽车中铝废料的最高回收率已达95%。废铝罐回收也有很大进展,全球平均回收率在50%以上。

废杂铝的再生加工,一般经过以下四道基本工序。

第一,废铝料的备制。对废铝进行初级分类,分级堆放,如纯铝、变形铝合金、铸造铝合金、混合料等。对于废铝制品,应进行拆解,去除与铝料连接的钢铁及其他有色金属件,再经清洗、破碎、磁选、烘干等工序制成废铝料;对于轻薄松散的片状废旧铝件,如汽车上的锁紧臂、速度齿轮轴套以及铝屑等,要用液压金属打包机打压成包;对于钢芯铝绞线,应先分离钢芯,然后将铝线绕成卷。

铁类杂质对于废铝的冶炼是十分有害的,铁质过多时会在铝中形成脆性的金属结晶体,从而降低其机械性能,并减弱其抗蚀能力。含铁量一般应控制在1.2%以下。对于含铁量在1.5%以上的废铝,可用于钢铁工业的脱氧剂,商业铝合金很少使用含铁量高的废铝熔炼。目前,铝工业中还没有很成功的方法能令人满意地除去废铝中过量铁,尤其是以不锈钢形式存在的铁。

废铝中经常含有油漆、油类、塑料、橡胶等有机非金属杂质。在回炉冶炼前,必须设法加以清除。对于导线类废铝,一般可采用机械研磨或剪切剥离、加热剥离、化学剥离等措施去除包皮。目前国内企业常用高温烧蚀的办法去除绝缘体,烧蚀过程中将产生大量的有害气体,严重地污染了空气。如果采用低温烘烤与机械剥离相结合的办法,先通过热能使绝缘体软化,机械强度降低,然后通过机械揉搓剥离下来,这样既能达到净化目的,同时又能够回收绝缘体材料。废铝器皿表面的涂层、油污以及其他污染物,可采用丙酮等有机溶剂清洗,若仍不能清除,就应当采用脱漆炉脱漆。脱漆炉的最高温度不宜超过566℃,只要废物料在炉内停留足够的时间,一般的油类和涂层均能够清除干净。

对于铝箔纸,用普通的废纸造浆设备很难把铝箔层和纸纤维层有效分离,有效的分离方法是将铝箔纸首先放在水溶液中加热、加压,然后迅速排至低压环境减压,并进行机械搅拌。这种分离方法既可以回收纤维纸浆,又可回收铝箔。废铝的液化分离是今后回收金属铝的发展方向,它将废铝杂料的预处理与重新熔铸相结合,既缩短了工艺流程,又可以最大限度地避免空气污染,而且使得金属的回收率大大提高。装置中有一个允许气体微粒通过的过滤器,在液化层,铝沉淀于底部,废铝中附着的油漆等有机物在450℃以上分解成气体、焦油和固体炭,再通过分离器内部的氧化装置完全燃烧。废料通过旋转鼓搅拌,与仓中的溶解液混合,砂石等杂质分离到砂石分离区,被废料带出的溶解液通过回收螺旋桨返回液化仓。废杂铝预处理技术的目的是实现废杂铝分选的机械化和自动化,最大限度地除去金属杂质和非金属杂质，并使废杂铝得到有效的分选。废杂铝最理想的分选办法是按合金成分把废铝分成几大类，如合金铝、铝镁合金、铝铜合金、铝锌合金、铝硅合金等。这样可以减轻熔炼过程中的除杂技术和调整成分的难度，并可综合利用废铝中的合金成分，尤其是含锌、铜、镁高的废铝，都要单独存放，可作为熔炼铝合金调整成分的原料。

a. 风选法

风选法可以分离废纸、废塑料和尘土。各种废铝中或多或少地含有废纸、废塑料薄膜和尘土，较为理想的工艺是风选法。风选法的工艺很简单，能够高效率地分离出大部分轻质废料，但要配备较好的收尘系统，避免灰尘对环境的污染。分选出的废纸、废塑料薄膜一般不宜再继续分选，可作燃料用。

b. 磁选法

采用磁选设备可以分选出废钢铁等磁性废料。铁及其合金是铝及其合金中的有害杂质，对铝及其合金性能的影响也最大，因此应在预处理工序中最大限度地分选出夹杂的废钢铁。对废铝切片和低档次的废铝料，分选废钢铁的较为理想的技术是磁选法。这种方法在国外已被采用。

磁选法的设备比较简单，磁源来自电磁铁或永磁铁，工艺的设计有多种多样，比较容易实现的是传送带的十字交叉法。传送带上的废铝沿横向运动，当进入磁场之后废钢铁被吸起而离开横向皮带后，立即被纵向皮带带走，运转的纵向皮带离开磁场之后，废钢铁失去了引力而自动落地并被集中起来。磁选法的工艺简单，投资少，很容易被采用。磁选法处理的废铝料的体积不宜过大，比较适合一般的切片和碎铝废料。

磁选法分选出的废钢铁还要进一步处理，因有一些废钢铁器件中有机械结合的以铝为主的有色金属零部件，很难分开，如废铝件上的螺母、电线、键、水暖件、小齿轮等，对这部分的分选是非常必要的，因为分选出的有色金属可以提高产值并提高废钢铁的档次，但分选难度较大，一般采用手工拆解和分选，效率很低。为提高生产效率，对于分选出的难拆解的铝和钢铁的结合件，最有效的处理方法是在专用的熔化炉中加热，使铝熔化后捞出废钢铁。

c. 浮选法

废杂铝中夹杂的废塑料、废木头、废橡胶等轻质物料，可以采用以水为介质的浮选法。废铝中的轻质废料在水中被浮起，在水流的作用下被冲走，废铝则在水池的另一端被螺旋推进器推出。在整个过程中，风选过程中剩余的泥土和灰尘等易溶物质大量溶于水中，并被水冲走，进入沉降池。污水在经过多道沉降澄清之后，返回循环使用，污泥定时清除。此种方法可以全部分离比重小于水的轻质材料，是一种简便易行的方法。

第二，根据废铝料的备制及质量状况，按照再生产品的技术要求，选用搭配并计算出各类料的用量。配料应考虑金属的氧化烧损程度，硅、镁的氧化烧损较其他合金元素要大，各种合金元素的烧损率应事先通过实验确定之。废铝料的物理规格及表面洁净度将直接影响到再生成品质量及金属实收率，除油不干净的废铝，最高将有20%的有效成分进入熔渣。

第三，再生变形铝合金，用废铝合金可生产的变形铝合金品种很多。为保证合金材料的化学成分符合技术要求及压力加工的工艺需要，必要时应配加一部分原生铝锭。

第四，再生铸造铝合金，废铝料只有一小部分再生为变形铝合金，大部分用于再生铸造用铝合金。美国、日本等广泛应用的压铸铝合金基本上是用废铝再生的，再生铝的主要设备是熔炼炉和精炼净化炉，一般采用燃油或燃气的专用静置炉，我国最大的再生铝企业是位于上海市郊的上海新格有色金属有限公司，该公司有两组50吨的熔炼静置炉，一组40吨燃油熔炼静置炉；一台12吨的燃油回转炉，小型企业可采用池窑、坩埚窑等冶炼。

近年来，发达国家在生产中不断推出了一系列新的技术创新举措，如低成本的连续熔炼和处理工艺，可使低品位的废杂铝升级，用于制造供铸造、压铸、轧制及做母合金用的再生铝锭。最大的铸锭重13.5吨，其中，重熔的二次合金锭可用于制造易拉罐专用薄板，薄板的质量已使每支易拉罐的质量下降到只有14克左右；某些再生铝，甚至用于制造计算机软盘驱动器的框架。

③废铜的再生有较高的价值

例如，清洁的1级废铜的价格可以达到新精炼铜价格的90%以上；黄铜新废料的价格也可达到相应黄铜价格的80%以上。再生工艺很简单，首先把收集的废铜进行分拣。没有受污染的废铜或成分相同的铜合金，可以回炉熔化后直接利用；被严重污染的废铜要进一步精炼处理去除杂质；对于相互混杂的铜合金废料，则需熔化后进行成分调整。通过这样的再生处理，铜的物理和化学性质不受损害，使它得到完全的更新。再生的废杂铜应按两步法处理：第一步是进行干燥处理并烧掉机油、润滑脂等有机物；第二步才是熔炼金属，将金属杂质在熔渣中除去。

世界上废杂铜处理工艺及设备主要为炉火法精炼工艺加电解工艺。西德精炼公司（NA）胡藤维克凯撒工厂（HK）是目前世界上最大最先进的废杂铜精炼厂，它采用一台倾动炉和一台反射炉处理废杂铜，采用电解工艺生产阴极铜。

我国与国外先进的再生处理工艺相比，对废杂铜的预处理及再生利用工艺及装备整体水平落后，废杂铜的预处理及再生利用两大环节脱钩，我国缺少从废杂铜拆解到阴极铜精炼的完整废杂铜工厂，目前废杂铜精炼工厂多规模小、工艺落后、装备差、环保问题严重。产品质量只能达到甚至低于国际标准中标准阴极铜的水平，相当数量的高品位废杂铜未经精炼即被直接生产铜线锭和铜“黑杆”。

④镁在各个行业的用量日益增多

废镁和废旧镁合金的回收与利用已经成为一个突出课题。镁合金的熔化潜热比铝合金低得多，比铝合金消耗的能量少，因而镁及其合金是易于回收的金属，目前使用的镁合金均可以回收。镁合金的密度每立方米只有 1.7 克，是铝的 2/3，钢的 1/4，具有高的比强度、比刚度、减振性、可切削加工性和可回收性，用量每年以 15%的速度保持快速增长，远远高于铝、铜、锌、镍和钢铁的增长速度。这在近代工程金属材料的应用中是前所未有的。

其回收途径：一方面是回收失效或报废的镁合金零部件；另一方面是回收镁在生产过程中的废料和切屑。

为了便于镁合金零件的回收利用，镁合金零件均在压铸模上的非主要大面上刻有“mg”标记，便于将镁合金与其他合金直观上进行区别，便于回收利用的筛选。可以将该产品与传统的材质铝合金区分开来。

为了回收与利用废镁，促进镁合金资源开采、加工成型、应用直至失效报废和余料切屑回收形成一个完整的体系。根据镁合金产业的高速发展，我国各地镁合金生产厂家均在当地建立废镁回收系统，像重庆镁业股份有限公司为了开发镁资源专门成立了万盛镁厂，它的一个很重要的职能就是对压铸生产过程中的废件及毛边料和失效报废镁合金零部件进行回炉提炼，生产出合格的再生锭，其成本和质量远远优于镁矿产品。

参考文献

[1]高彦彬.包装设计[M].重庆:重庆大学出版社,2021.
[2]谭小雯.包装设计[M].上海:上海人民美术出版社,2020.
[3]陈玲,姚田.包装设计[M].武汉:华中科技大学出版社,2020.
[4]罗静.包装设计[M].北京:冶金工业出版社,2020.
[5]黄春峰,黄翠崇,梁爱媛.包装设计[M].北京:北京理工大学出版社,2020.
[6]程蓉洁,尹燕,王巍.包装设计[M].北京:中国轻工业出版社,2018.
[7]王景爽,张丽丽,李强.包装设计[M].武汉:华中科技大学出版社,2018.
[8]何轩,高源.包装设计[M].合肥:合肥工业大学出版社,2018.
[9]冯华.包装设计[M].西安:西北工业大学出版社,2018.
[10]于静,李航.包装设计[M].沈阳:辽宁美术出版社,2017.
[11]杨璇.现代包装设计[M].德宏州芒市:德宏民族出版社,2016.
[12]张迎春,董德丽,马宁.现代包装设计[M].郑州:河南大学出版社,2013.
[13]王淑慧.现代包装设计[M].上海:东华大学出版社,2012.
[14]苗红磊,周作好.现代包装设计[M].成都:西南交通大学出版社,2010.
[15]于静.现代包装设计[M].沈阳:辽宁美术出版社,2007.
[16]李克强.现代包装设计[M].石家庄:河北美术出版社,1998.
[17]向家祥,王庆禅,罗明金.现代包装设计与品牌策划研究[M].长春:吉林出版集团股份有限公司,2021.
[18]张红辉.现代包装设计理念变革与创新设计[M].北京:中国纺织出版社,2019.
[19]周作好.现代包装设计理论与实践[M].成都:西南交通大学出版社,2017.
[20]李帅.现代包装设计技巧与综合应用[M].成都:西南交通大学出版社,2017.
[21]赵秀萍,许明飞,王丰军,司占军.现代包装设计与印刷[M].北京:化学工业出版社,2004.
[22]俞敏.现代包装设计集锦[M].合肥:安徽美术出版社,1990.

[23]傅丽霞.现代包装设计技法实例[M].长春:吉林摄影出版社,2000.
[24]刘印.现代绿色包装设计实务[M].北京:中国纺织出版社,2021.
[25]石辰三.现代创意包装设计技巧分析与实践探索[M].长春:吉林人民出版社,2019.
[26]何洁等.现代包装设计[M].北京:清华大学出版社,2018.
[27]周砚钢.现代包装设计的新趋势与新探索[M].昆明:云南美术出版社,2021.
[28]丁烨.现代包装设计理论及应用研究[M].长春:吉林美术出版社,2018.
[29]郑芳蕾.现代包装设计理念变革与创新设计研究[M].成都:西南财经大学出版社,2018.
[30]徐海芳.现代产品的包装设计研究[M].长春:吉林出版集团股份有限公司,2020.
[31]高聪蕊.现代包装设计原理[M].长春:吉林摄影出版社,2018.
[32]耿文男.现代包装设计案例解析[M].哈尔滨:黑龙江美术出版社,2017.
[33]吴巧云.现代包装设计新趋势分析[M].长春:吉林美术出版社,2018.